給沒有夢想的人！

邊走邊想
職涯探險指南

Fiona
糖霜與西裝
著

目錄 CONTENTS

Part 1

初階篇

給沒有夢想的菜鳥——那就探險吧！

Part 2

進階篇

沒有夢想也不得不面對的求職大魔王

Part 3

高階篇

給沒有夢想的資深探險家——到了這個年紀，沒有夢想還不是活得好好的？

適時轉換職涯心境，助你走得更長更遠

推薦序

學會以韌性對付挫折

湯明哲

Fiona是我在臺大國企系教書時的學生，我記得在個案討論時，全班都沉默不語時，Fiona總是勇於發言。她大四時來問我要不要出國當交換學生，因爲要去的學校不是那麼理想，我還是鼓勵她去看看這個世界。沒想到，她一去就是歷經波折的十年！這本書就是總結她過去十年在美國矽谷奮鬥發展的歷史。

一般臺灣的理工科學生到美國年唸完書、拿到學位，找事都不是大問題，因爲一般的美國人數理不強；但商科的學生就不一樣，想要薪水高，就要有好的英文溝通能力，還要有領導不同族群人員的領導力，頭頂上還有竹幕（Bamboo Ceiling，指的是黃種人無法升遷的天險）這些都是臺灣學生的弱點。如何克服這些弱點，在競爭激烈的職場中勝出，就是本書要表達的內容。

我在美國教過十年書才回國，我的觀察是臺灣學生平均比美國學生晚熟五年，這是因爲臺灣的學生受到父母過度的呵護，不用打工，畢業後找工作也不是問題，工作間的薪水差距也不大，所以臺灣的大學生基本上不會就業導向。但美國學生完全不同，從小就被父母訓練得要自立，進了大學，目的就是畢業後找一份好工作。好學校商科的MBA起薪十五萬美金，因此企業要僱人非常小心，寧願多花八十%的時間在僱人，二十%的時間在處理僱錯人的問題，而不是倒過來。所以美國對於高薪產業的求職和僱用是非常耗時評估的過程。從這本書中，讀者可以看出爲什麼從搜尋資料、準備履歷表、面試，都要戰戰兢兢一仗一仗打，因爲你要打敗一百人才能找到理想的工作。這對於來自臺灣的學生是很難想像的事。

Fiona剛去美國，以爲頂個臺大的光環，找事不是問題，等到四處碰壁後，才知道自己的弱點。問題是如何克服這些弱點，還要找到年薪十五萬美金以上的工作？在書中可以看到Fiona這個臺灣嬌嬌女如何在美國白人爲主流的社會中力爭上游，從暑期打工找到顧問公司，再轉到數據財務公司的奮鬥過程，相信讀者看完書後，會發現成功沒有僥倖，只有挫折相陪。如果只要小成就，就會碰到小挫折，如果要大成就，就會碰到大挫折。年輕人習慣挫折後，這一輩子就學會以韌性對付挫折。這是我看這本書最大的收穫。

Fiona的經驗難能可貴，她的文筆流暢輕快，對於要進入職場的年輕人是不可多得的好書。

（本文作者爲麻省理工學院博士，現任長庚大學校長，曾任臺灣大學副校長和國際企業系教授）

推薦序

站上 42.195 公里馬拉松賽起跑線之前

徐嘉利

Fiona 在大學生的知名度相當高，特別是她的履歷幾乎已經成爲經典範例了。今天能將自己的眞實經歷，透過系統化方式分享給學弟妹，這是她一直以來的心願與目標，恭喜 **Fiona**。

看完這本書，第一個衝出腦袋的想法，居然是「咦！這應該是參加一場全馬馬拉松的訓練手冊吧！」常聽到有人用馬拉松來形容人生，在起跑線出發後，朝向 42.195 公里的目標前進。不過，決定參加比賽，沒有一套適合的訓練計畫，如何站上起跑線，安全跑完全程呢？

說一個我自己的經驗，第一次跑全馬二〇一三年在夏威夷。在沒有任何訓練的狀況下，跑走到二十八公里時，腿已經不聽使喚。當天天氣極熱，身心極度疲憊，數度想放棄。幸好這場馬拉松沒有關門時間，最終花了十三小時三十三分鐘完成。第二次全馬是參加二〇一八年柏林馬拉松，這次就找教練開了訓練計畫，循序漸進。從短距離開始鍛鍊，逐漸提升自己的體能與跑力，最後平平穩穩地花了六小時二十四分鐘完賽。從兩次賽事中，深深體會以爲很簡單的事，若沒有適當的「準備與練習」，再簡單的事也會變得很難與複雜。

Fiona這本書就像是一本職涯馬拉松訓練手冊，從初階、進階到高階，鉅細靡遺地分享自己的訓練計畫。對初次站上職場起跑線的學弟妹，是一本值得按部就班操作的武功祕笈。跑步，看似一個人的運動，其實團練更有效率，一個人可以跑很快，一群人可以跑很遠。職涯探險也是如此，一個人很孤單，一群人一起，路會走得更寬更遠。

二〇一四年初，臺大策略名師湯明哲教授跟我說，有位很棒的國企系校友，一定要認識。過幾天，出現在眼前的就是Fiona。當時，臺大管院生涯發展服務中心（Career Development Office, CARDO）成立才三天，急需各地學校的經驗。Fiona的到訪，正好帶來對CARDO業務規劃與發展極具參考價值的美國學校職涯中心營運模式。從對話中，覺察到Fiona熱情、積極、樂於分享的態度眞是異於常人。我爲了寫序，居然找到Fiona在二〇一二年底寫給我的信。內容是說，當時她在美國交換學生，積極參與校園的職涯講座、社團活動，並主動籌組職涯讀書會。因爲這些職涯準備，順利找到兩個不錯的實習。因此，她想在回台灣時，舉辦一個不藏私的「面試與履歷教學」活動，跟學弟妹分享所有的資料。所以，將這本書視爲 Fiona 孕育十年的寶貝，也不爲過吧！

Fiona 職涯探索歷程非常曲折，應該很少人會像她一樣悲催吧！這幾年，只要回台灣，Fiona 一定返校跟學弟妹分享這些難得的經歷。希望透過她的職涯決策、履歷撰寫與面談經驗，啓發在校學弟妹對探索未來的規劃。

許多學生因爲很會念書，一路就考進好學校，然後呢？考上好大學是高中之前的夢想，那麼大學之後的未來在哪裡？來到 CARDO 諮詢的學生，超過一半屬於比較隨興，且看且走型。這本書正好就是最適合這一類學生閱讀的「探險指南」。從這本書，我體悟到三個重要的探險行動綱領：

1.**只要出發，就會到達**：夢想重要嗎？或許；一定要有夢想嗎？或許。我認爲 Fiona 主張不管有沒有夢想，無妨。有沒有意願與行動力去探險，才是決勝關鍵。因此，Fiona 疾呼沒有夢想的菜鳥，去探險吧！沒有夢想也沒有關係，不要害怕，先打開心胸，走出去，好好看看這個世界。在認眞探險的過程中，屬於自己的康莊大道自然而然就會開通了。

2. **呼朋引伴，互相照應**：探險的路上，不必千山萬水，唯我獨行。無論是社團、研討會，還是講座等活動，Fiona 建議有空就參加，甚至於擔任志工、義工都很好。有機會就多認識人，特別是主講人或主辦單位，最好能交換彼此的聯絡資料，建立人脈存摺。所以，Fiona 才會有五百封郵件不如一碗拉麵的感慨。

3. **努力前進，不言放棄**：《ONE PIECE 航海王》中的伊娃柯夫說：「奇蹟只會降臨在不言放棄的人身上。」職涯探險的歷程也是如此，奇蹟是持續努力不懈的必然。Fiona 拿到第一個正職 offer 之前，收到的拒絕信不計其數。然而，這些打擊並沒有讓 Fiona 自怨自艾、失去信心，反而讓她脫胎換骨，變成更強大的 Fiona。今天 Fiona 能夠有一個令人稱羨的職涯發展，是札札實實鍥而不捨的奇蹟。

「沒有奇蹟，只有累積！」跑步的人聽到這句話一定心有戚戚焉！唯有認眞地準備與練習，才能站上起跑線，行穩致遠。職涯發展如出一轍，無論是履歷撰寫、面試技巧或是求職準備，經驗的堆疊有助於下一次更好的表現。因此，鼓勵同學依照這本探險指南，一邊準備、一邊前進，在職涯發展路上，找到志同道合的同伴，一起展開精采的旅程。

（本文作者爲臺灣大學管理學院生涯發展服務中心執行長）

自序

我的職涯故事：沒有夢想，也能活得充實飽滿

找工作，不是件容易的事情。

我二〇一〇年寫下第一份履歷，直到二〇一三年底才找到第一份正式工作，整整花了三年的時間。不是因爲我追求完美、精益求精，而是知道自己不夠聰明，但願意用時間彌補不足。

大學的我總是趾高氣昂。那個年紀的孩子，舉手投足都覺得自己充滿著光，向宇宙許願，老天爺一定讓你如願以償。簽不到的課，透過死纏爛打還是簽到了；沒有準備的期末考，靠著通宵抱佛腳依舊過了。是啊，這個世界簡直是我的遊戲場，所有大風大浪都放馬過來吧！

我在大三那年開始寫下第一份履歷。當年要找實習的我，其實心裡充滿雀躍與驕傲。看著琳瑯滿目的職缺，我幻想自己穿著套裝，踩著高跟鞋，在高樓大廈裡實習的樣子。就要成爲大人了！我心想。

我寫了花花綠綠的一份履歷，上面貼了我的照片，用上幾種不一樣的字體，加了美麗大方的邊框，心想：「Hello World，這個世界，我來了。」

過了幾個月，結果石沉大海。我的世界觀開始動搖了：怎麼叫天天不應，叫地地不靈了呢？是不是我不夠好？我錯在哪裡了？

原來，過去二十年的人生都只算是試玩版；要出社會了才知道，自己在學校的保護傘下，打過的怪都不是怪，眞正的挑戰比你目前爲止經歷過的難上千萬倍。而自己想要的公司不要我，純屬正常。

那一年，我第一次深切體悟到自己與世界的級距。把碎成一地的玻璃心撿一撿，我申請去美國交換學生的計畫，帶著這包玻璃心碎片去加州。

到了美國，我決定繼續我的求職之旅。人生地不熟，連話都說不清楚的我，徹徹底底拋下原有的驕傲，土法煉鋼地學怎麼寫履歷、怎麼面試。

玻璃心既碎，那正好減輕我的行囊；一身輕盈的我，厚臉皮地把文法不通的履歷塞給美國學長姊修改，反正也沒人知道我是誰；不知道自我介紹怎麼說，我就去敲同學宿舍的門，請他用英文介紹自己，我一個字、一個字打下來，之後再一個字、一個字學著背；不知道怎麼在企業徵才說明會表現，我就每場都去，當壁花站兩、三個小時，死等活等也要找到插話機會。

就這樣，我硬是磕出一條血路，找到實習工作。不過，這才是挑戰的開始，在公司，老闆說話我時常只聽得懂一半，我必須厚著臉皮再三確認自己聽懂了沒；同期的實習生年紀都比我小也比我優秀，反應差人一截的我必須花雙倍時間跟上他們的腳步；沒車的我，如果沒法找到便車搭，就必須騎八公里的腳踏車上班，到座位時襯衫早已溼透。

我在跑道上落後他人地跑著，用著別人倍數的時間努力。印象最深刻的一次，是老闆要我寫一篇兩百五十字的公司簡介，短短一段話，英文不輪轉的我怎麼寫都不對。我刪了又寫，寫了又刪，就這樣，通宵一整個晚上，十幾個小時的時間，如蝸牛般地寫出兩百五十字。

隔天早上交給老闆，本以爲會不及格，沒想到老闆說：「喔，還不錯嘛！」

我頓時覺得一切辛苦都值得。

實習了一陣子，到了夏天尾聲，我聽說年底到明年年初會有一波正職招募期。此時我林林總總已經努力了快一年，覺得可以把握這次機會，好好衝刺。看準幾個公司招募的時間，我開始準備。面對正職的考試內容，我上網爬文，蒐集資料，把少少的積蓄花去買求職書籍和面試訓練課程；我更積極去各種企業徵才活動，甚至混入其他學校舉辦的徵才說明會，不畏旁人鄙夷的眼光，在會場上積極要名片，爭取機會。

就這樣，破釜沉舟地又努力了幾個月，白天實習，晚上參加徵才會，假日窩在圖書館啃求職聖經……最後，我僅拿到一個面試。

只有一個面試沒關係，工作 offer 一個就夠了！我心想。電話面試前一天，我熬夜準備，把筆記又統整一遍。面試時，我特地借了一處不受干擾的讀書間，把洋洋灑灑的筆記攤在面前，準備接電話。

電話響起，我腦中頓時一片空白。我怎麼也沒料到自己會緊張到當機。不是都模擬面試這麼多月了嗎？可我說話還是支支吾吾，只能照著眼前的筆記唸一通。更慘的是，我沒料到圖書室的訊號不好，對方聽我說話斷斷續續的，二十分鐘後，終於受不了地說：「妳那裡訊號太差，到底怎麼一回事？妳難道不知道這是電話面試的大忌嗎？」我頻頻道歉，然後結束了這通電話。

我到現在都還記得那時的我在圖書室的景象；慘白的日光燈下，有我慘白的筆記跟慘白的臉。

自從我搞砸了這場面試以後，就再也沒有別的面試了。

在美國僅有微薄時薪又找不到工作的我，覺得自己格格不入；我在網路上寫下〈我沒有標籤，所以我不能說話〉這篇文章，敘述自己身上沒有光環、沒有話語權的心境。在當時，我就是個無業的小鬼，沒有說得出口的社會經驗，對未來也一片茫然。

不過人性本賤，在茫然之中，我萌生了再試一次的念頭：不如讀個研究所，畢業後再試一次吧！

我抱持著這瘋魔般的念頭，跟朋友借了兩百五十美元的GMAT報名費，上網找了GMAT教科書，並著手蒐集各大研究所資料。我用找工作那套方法來申請學校：摸清楚學校特色、設想校方賞識的人才、參加學校說明會、寫cold email（冷郵件拜訪）聯絡在校生；我再次每天勤跑圖書館，用盡吃奶的力氣最後一搏。

沒錢但還是想去學校參訪的我，選擇從費城坐夜車去波士頓；沒想到那天灰狗巴士不知怎麼沒來，我就在零下七度的站牌等到半夜兩點，無處可去的我只好拖著行李走到費城火車站，在火車站裡睡了一晚，隔天再想辦法繼續我的旅程。

現在回想起來，當年那個膽敢在火車站夜宿的女孩，還眞的有不要命的勇氣。

我做好心理準備，如果申請不上好的學校，就老老實實地結束我的美國夢。

結果，申請的成績出爐，我申請的四所學校裡上了三所，其中還包含了我做夢也沒想過的麻省理工學院（MIT）！

然而，因爲學費高昂，我最終沒選擇去MIT，而是去了一所提供獎學金的私立小學校。在這裡我重新面臨跟交換學生時期一樣、但是更加艱難的挑戰：課業壓力更重、同儕更優秀、找工作競爭更激烈。

我依舊厚著臉皮，纏著學校職涯中心主任練習面試；我廣投履歷，當朋友們申請避險基金分析師職位時，我連他們辦公室櫃檯小姐的職位也一起申請；我熬夜寫面試稿，當美國同學早已把面試練得爐火純青，我在別人熟睡時，仍坐在桌前挑燈夜戰，一個字、一個字地琢磨我的自我介紹。爲了找工作，我考試最後一名，也曾在面試前一天準備到不吃不喝，引發腸胃炎掛急診，導致隔天無法出席。

在這輛求職列車上，我收到的拒絕信無從計數，心情更是常常坐雲霄飛車：面試完後每每覺得自己表現很好，但總是冷不防地被拒絕，潑了一身冷水。但我內心依舊燃燒，把全部青春的賭注押在求職上。

某個在圖書館K書的晚上，我接到一通陌生來電。電話那頭說：「你好，我是

××公司的 Kevin。請問 Fiona 在嗎？」我緊張地說，我就是。「是這樣的，很感謝妳之前來我們公司面試，妳表現得不錯……」聽到這句話，我心裡一沉。通常說「你表現得不錯」，後面都會接著「但是我們已經有想要的人選了，抱歉」。

「……所以我們決定要給妳一個 offer。」

我不敢相信自己的耳朵。

那是二〇一三年年底，距離我寫出第一份花枝招展的履歷，到認清自己與世界的差距，整整三年。

花了三年兜兜轉轉，我得到的其實不是工作，而是脫胎換骨的自己。從溫室裡驕傲的花朵，變成土法煉鋼的愚公，再變成越挫越勇的忍者；我的人生因堅持而豐富，因妥協而不妥協。

努力，不是爲了到達目的地；努力，是爲了遇見更好的自己。

爬過毫不留情的高山，才知道咬牙向上是唯一途徑；走過坑坑疤疤的泥濘，才知道灰頭土臉純屬正常；掉進過流沙裡面，才知道怎麼冷靜應對凶險。

這三年只是開頭，我並沒有到達成功者的伊甸園；可人生不就是如此嗎？大部分的我們，都只是背著自己的行囊，踽踽獨行。找工作也好，過日子也好，花時間向下扎根的人，站得更直，走得更遠。

感受著這樣的心境，雙手雙腳長滿硬繭的我，卻覺得靈魂煥然一新。蛻變後的自己，仍然會焦慮，仍然時常傻呼呼，仍然一不小心就摔得鼻青臉腫，可是我知道，人生就是如此這般摸爬滾打，而在氣喘如牛滿身髒汙的過程中，才可以感受自己的呼吸。

很多人會以爲，支撐著我的腳步的，是夢想；但其實啊，我從未擁有夢想。對於自己未來想做什麼，來到這世界上有何目的，一直以來都毫無概念。不過，沒有夢想當支柱，我依舊憑著直覺、熱血和冒險精神，去體驗我想體驗的，挑戰我想挑戰的。在這沒有終極目標的職涯道路上，勇敢地走著。

誰說沒有夢想，就不能走上一條你想要的職涯道路呢？沒有夢想，也可以活得充實而飽滿。

願我們，都能夠勇敢向前行。

前言

沒有夢想的人，不論往哪都是向前走

世界上有兩種人，一種是有夢想的人，一種是沒有夢想的人。

沒有夢想沒有不好，只是原廠設定不一樣，職涯發展的心態跟方式也不同。

不用強迫自己當個夢想家，只要做好自己的探險家。

有一種人，叫做沒有夢想的人。

這種人對於自己生來要什麼，沒什麼概念。沒有「想要成爲世界第一的排球選手」這般的宏大目標，也沒有「我要寫出最動人心弦的音樂」的理想，就連「總有一天我一定要存夠錢去南歐自助旅行」的嚮往，好像也沒有很強烈。

當同儕各個看似懷有雄心壯志，知道自己畢業後想做什麼工作、想考什麼研究所，沒有夢想的我們頓時覺得：「啊，怎麼大家都已經在各自的跑道就位了，我還不知道自己要幹嘛呀？」

沒有夢想，也可以是一種狀態。當過去的目標已經實現，還沒找到下一個，或是發現過去的夢想不切實際時，我們便會落入沒有夢想的眞空裡。

這種感覺，好像內在缺少了什麼。眼見全世界除了自己，人人都在跑道上各就各位，準備朝夢想衝刺，只有我還站在原地，不曉得手該往哪裡擺。舉世皆有夢，唯我獨無，這種感覺既孤獨又焦慮。

沒有夢想，沒有不好

其實沒有夢想，也沒有不好。

沒有夢想的人，可能擁有高超的創意，發散快速的思維，在千百個點子之中，發現無法用一個夢想定義自己；可能是深度思考的哲學家，在對人生追根究柢的過程中，發現生命是無法用夢想來概括的；也可能是生活的實踐家，在社會裡打滾之後發現，「夢想」二字太不切實際。

有些人生來自帶夢想，可以清楚看到眼前的跑道；而沒有夢想在身上的人，並不代表自己不好，只是來到人間的原廠設定和別人不一樣。

原廠設定不一樣，人生活法也會不同。

不是所有人的人生玩法都是一場賽跑。生而爲賽跑選手的人們，有明確的終點，有直直的跑道；沒有夢想的我們，人生猶如一場冒險遊戲。沒有終點與起點，只有整個世界，任由我們探索。

我很喜歡美國紐約大學教授詹姆斯．卡斯在著作《有限與無限的遊戲》中的概念：世界上有兩種遊戲，有限遊戲跟無限遊戲。有限遊戲的目的在於贏得勝利，而無限遊戲的目的在於一直讓遊戲進行下去。

沒有夢想的人，人生就像是場無限遊戲。沒有所謂的勝利，只要能夠持續探索，就是贏家。

也因爲在職涯規畫上，沒有夢想限制自己的玩法，思考方式會有點不一樣。當有夢想的人鑽研如何走最短路徑，沒有夢想的人則像是印第安納瓊斯，邊探索環境，邊決定冒險方向；當有夢想的人練習重複性努力，沒有夢想的人要研究的是如何在一片迷霧之中，依舊站穩腳跟，冷靜應對；當有夢想的人練習跌倒之後依舊朝著同一個方向往上爬，沒有夢想的人要練習的是，在看似毫無章法的路途中，願意一步一腳印，邊走彎路，邊灑下種子，遍地開花。

有夢想的人被決定好自己要成爲什麼比賽的選手；而沒有夢想的我們，可以自己畫出人生的地圖。

你也許擔心：那我會不會落在人後？

當你不再將自己局限於別人的比賽當中，又何嘗會落於人後？身爲探險家的我們，每一步都是成功，因爲，每一步都在走出新大陸。

不論往哪走，都是向前走。

PART 1

初階篇

給沒有夢想的菜鳥——

那就探險吧！

職涯探險第1步：摸清地形，初步探索

沒有夢想的人，就「從已知出發」吧！
先摸清腳下地形，善用現有資源開始探索職涯！
把心胸打開，走走看看；走的過程當中，某扇大門自然會打開。

這本書，是一本給沒有夢想的人的探險指南：讓每一個勇敢的靈魂，都可以探索得更快更好。

市面上所有的職涯指南，似乎都是針對未來有目標的人寫的。「找到自己喜歡的產業，然後把握所有申請機會吧」「先找到自己的優勢和興趣，然後以此決定職涯方向」，這些都是我曾經收到的，也是自己經常給求職者的建議。這樣的策略固然好，但總是有點怪怪的：萬一我就是不知道自己喜歡什麼，怎麼辦？萬一我看遍了學校網站上的所有職位，還是沒有一個讓我有感覺呢？

一般的職涯規畫理論，都有同樣的假設：遠方有座山，我看了很想爬，需要找到方法去累積實力，讓我成功征服這座山。

可是，萬一「遠方有座山」這個假設不成立呢？我看不到遠方有什麼東西呢？還有，萬一「我看了很想爬」也不成立，我就算看到了眼前的山，也一點興趣都沒有，怎麼辦？

我從小就沒有「夢想」的基因。看什麼都好，做什麼都行。世界很美好，每條路都新鮮有趣。許多人可能也跟我一樣，心中一直沒有浮現那閃亮亮的夢想。這樣開放的心境其實很美，可是社會一直告訴我們「沒有目標不行」，於是在這樣的拉扯中，備感焦慮。

看準了遠方的山，然後決定朝著它前進，是一個從「未知」開始，往回規畫職涯的策略。但是，如果夢想的鐘聲遲遲沒響起，除了原地等待夢想的到來，我們能不能換個腦袋思考：

既然無法從「未知」往前回推，那我能不能從「已知」出發呢？

既然看不到遠方，那我就看腳下。摸清所在的地形，用眼前的資訊，作為下一

步的根據。

當我知道眼前是溪流還是山丘，是小河還是森林，我自然就會有頭緒、有勇氣踏出試探的步伐。

當未來太遙遠，夢想太模糊，把眼光拉回自己身上，是最好的辦法。我們不妨檢視一下：我的手上有哪些牌？這些資源可以怎麼運用？從自己擁有的出發，比訂定遙不可及的目標，更讓人有行動的勇氣。

檢視資源，初步探索

什麼叫做「我擁有的資源」？

舉凡社團活動、師長同學、校園前輩、職涯中心、培訓課程，任何你想得到的，可以觸及的人脈、平臺、訊息，都是你擁有的資源。舉例來說：

1. 我現在念的管理學院裡有職涯中心，職涯中心會舉辦求職講座和企業參訪，這是一種資源。

2.我有兩個很要好的學長姊，分別在做行銷和銷售的實習，我可以請他們給我建議。

3.我聽說系上的學長姊畢業後，很多都去XYZ和ABC公司工作，或許我也可以申請。

4.我現在所處的公司，沒有什麼人才培訓的機會，但是我認識的好幾個前同事都成功轉行到×××產業，這樣看來，轉行似乎可行。

5.我的大學同學正在從事○○行業，我可以問問他相關訊息。

6.我沒有認識的學長姊，也沒有職涯中心可以詢問，但我有一個很喜歡的教授，或許可以找他聊聊。

7.我的麻吉跟我說××社團有在教同學寫履歷，或許可以去看看。

所有你可以接觸到的關係和材料，都是資源。這些資源看似平凡無奇，但是只要開始挖掘，便可以開啓一系列的機緣，而某一天，就會遇到突破的契機。

能做的事情很多，過程也看似容易；不過大多數人卻沒有嘗試的動力。

最大的原因是探索的過程充滿未知：沒有人可以保證只要做了A，就可以到達

B。參加了數場企業說明會卻還是不知所云、跟學姊通完電話後依舊迷惘、和以前同事聯絡後發現對方公司也不適合自己……我們可能要沿途碰壁，才能在某個未知的時機等到機會降臨。

這樣的過程讓人糾結，而在處處強調立竿見影、「保證一個月瘦十公斤」的社會裡，勇敢地將時間精力投入未知，聽起來也似乎不是很吸引人。

可就是因為社會大眾只求速成，讓人常忘了：一步一腳印，才能挖到深刻的東西。職涯這條道路太過複雜且因人而異。只要放寬心，保持耐心和勇氣，自然會遇到屬於自己的寶藏。

雖然沒有人可以保證哪條道路能夠引領我們找到機會，但可以確信的是：如果躊躇不前，機會更不會到來。我們要做的是把心胸打開，走走看看。走的過程當中，某個大門自然會打開。

摸索出來的美國實習

我曾經利用這種資源策略，找到了在美國的第一份實習。

當年還是交換學生的我，來到陌生的環境，沒有人脈、沒有熟悉的師長，既緊張又害怕，像一隻毛被拔光的雞。我唯一的資源，就是跟著新生一起去參加社團活動。我報名了所有可以參加的活動：商業性和學術性的社團、兄弟會舉辦的派對、姊妹會舉辦的迎新等，我講著一口不流利的英文，在人高馬大的美國學生之中想辦法融入。讓我印象深刻的是學校裡某個最夯的商業社團，每堂社課全員都會穿著西裝套裝出席。社員清一色打著一樣顏色的領帶，男生各個西裝筆挺，英姿煥發，女生則長髮飄逸，貌美如花；我戴著大大的粗框眼鏡，綁著馬尾，穿著不合身的墊肩西裝外套，相較之下實在是個遜咖。

但是一週週過去，我沒有被嚇跑，依舊抱持著「多參加一場社團活動，就等於多獲得一堂免費英文口說練習」的窮學生思維，像個小屁孩似的參加社團活動。

某天，我看到財務研究社舉辦的一場履歷講座。財務一直是我最害怕的科目，但為了獲得免費的履歷建議（「免費」真的是我心中最大的動力），我硬著頭皮參加。這個社團很小，只有幾名幹部，在一個小教室裡舉辦一場履歷教學工作坊。這堂社課跟我之前參加的高級社團相比，非常簡陋，但是做履歷教學的幹部都非常熱心，我也認真待到社課結束後，拿著自己文法不通的英文履歷請教各種問題。

沒想到社團幹部熱心地收我當社員，從此以後，我每週固定參加社課，學習財務知識。我把社內的學長姊當成最寶貴的資源，向他們學習如何寫英文履歷、如何面試、如何與業界人士搭建人脈。我把社團資源利用得淋漓盡致，能學什麼就學什麼。

這個社團每年都會請幾家學校附近的小型基金公司來演講，我便在業界人士來演講時，幫忙端茶倒水，演講後留下來與講者寒暄，詢問對方有沒有工讀生的需要。日復一日，沒想到在一場演講結束後，一個私募基金經理大方收下我的履歷，歡迎我申請他們公司的實習。

只是端茶倒水，居然也能得到實習機會，我興奮不已，趕緊找社團學長姊練習面試。我從來沒有用英文面試過，連自我介紹都講得破破爛爛。但我厚著臉皮請學長姊把他們的自介講給我聽，認眞筆記，回家依樣畫葫蘆寫下我的版本。就這樣土法煉鋼，我洋洋灑灑寫下了十幾頁的面試稿，把所有可能的面試問題和答案都寫下來。

經過一個禮拜的死背硬記，在鏡子前不停模擬，我終於面試成功，拿到實習。

沒想到抱持著探索心態的我，竟也能傻呼呼地摸出一條路來。

回首當年，我拿到實習的過程很像一條理所當然的直線，其實不然；在遇到財務研究社之前，我試圖加入各種商業社團、造訪學校職涯中心、設法加入姊妹會；也不停在網路上鑽研履歷寫法、花光少少的積蓄買面試訓練課程、參加企業徵才說明會，可以說把我所有知道的、能嘗試的路都走過一遍，其中大多數都走不通，但也幸運遇上了願意收留我的社團。

看似命中注定的過程，其實是一連串嘗試的結果。我秉持著「能做什麼就做什麼，能做好什麼就做好什麼」的傻勁，將資源利用得淋漓盡致，最後終於遇到一扇打開的大門。

職涯發展的過程，絕對不是兩點一線；相反的，它就是一場探險，得這邊走走、那邊看看；遇到此路不通，轉個彎再看看有沒有其他小徑可走。而雙腳越勤快，走過的路就越多，越可以遇到自己的突破點。

不確定性才是職涯探索常態

職涯探索期最讓人煎熬的，是那種「不確定感」。

你不知道參加這次履歷講座有什麼用、不知道這場企業說明會有沒有幫助、不知道跟學長喝咖啡後能不能有所體悟……探索期讓人迷惘且焦慮，因為我們不知道道路的前方有什麼。在考試教育下長大的我們，從來沒有遇過這樣難解的習題：不是努力就有分嗎？怎麼我已經嘗試了一個月，卻還沒有看到結果？

很多人因此失去動力，覺得這世界毫無道理。這種不確定性純屬正常，因為遊戲規則變了。我們從單純爬分練等的設定，來到了一個探險模式的遊戲。此時一定要保持開放的心，讓自己勇於試試水溫、蒐集資料。

不用給自己太高的期望，想著一個禮拜之內就可以找到畢生志業；相反的，給自己一段迷惘期，放心探索眼前的事物。

每個成功的探險家都曾經歷這段探索期。過程中表面上看似毫無頭緒，但隨著走的路變多，眼前的景色越來越清晰。當我們摔過幾次跤、吃了幾碗閉門羹，過程中新的點子就會出現。

探索過程本身就是實力的累積

當然，在過程中我們會質疑自己：如果到最後，我根本就沒辦法找到職涯契機怎麼辦？如果我探索的時間都是浪費呢？萬一我只是一直在走彎路呢？

換個方向想：**如果待在原地，機會也不會自己出現。而探索的過程絕對不是浪費，因爲過程本身就是實力的累積。**

探索期本身，就是訓練我們一套應對未知的方法。在此同時，還要克服恐懼和自我懷疑，並且懷抱耐心。這樣的堅強意志是自我成長過程中極重要的能力。經歷過探索期的風雨，在職場上遇到挑戰時更能撐起大局，能夠在徬徨時依舊保持堅定，是團隊遇到困難時最需要的領導力。爲什麼有些人看起來比同儕更穩重、處變不驚？他們很可能在探索期就歷練不少。

每每在職場遇到挫折的我，都會想起自己在不熟悉的校園跑社團、支支吾吾自我介紹的時光。那時候我徹底拋下臉皮，一步一腳印地在一片未知中尋找方向。有了這個訓練，我的抗壓性變高，心理彈性更強，所有職場上的困難跟當年的相比，都只是一塊小蛋糕。而有了過去的經歷，面對挑戰，我更能勇敢向前。

學姊真心話——

拋下「一步錯，步步錯」的自我否定，勇敢嘗試

探索期的我們，面對的是無止境的機會。我經常收到這樣的疑問：「要怎麼知道，自己投入某件事情，是不是在浪費時間？」「這個實習對我有幫助嗎？我會不會做錯了選擇？」「第一份工作到底有多重要？會不會限制我日後的發展？」

關於做選擇的指標，以及如何優化職涯這條路，後面章節會陸續提到。在此之前，我想要分享一個概念：花在探索自我身上的時間，絕對不是浪費。職涯上的兜兜轉轉純屬正常，我們應該拋下「一步錯，步步錯」的錯誤概念，讓自己勇敢嘗試。

爲什麼？因爲，**大多數的我們，能力跟腿力都還沒成熟到談論策略的地步。**

當你武功還太淺時，任何一種努力的形式都是很好的投資。上課、閱讀、實習、接專案、聽講座、換工作等，**職涯發展的前五年，任何一種形式的成長**

都是成長。而任何一種成長，都會引領你走到下一個里程碑。即使是轉換工作跑道，放棄了工作多年的職業，這樣的轉變也是成長的延續：在現有工作累積的自我認知和管理能力、培養出的思考邏輯和做事方法、與人合作和溝通的能力，這所有的經驗都不會被消滅，只是以另一種形式繼續當我們的墊腳石。

最怕的是，年輕的我們花太多時間把自己局限在思維裡，而不願意把頭洗下去。因爲執著於找到那個最佳解答，我們躊躇不前。殊不知那些花在自我懷疑的時間，足夠讓我們嘗試一條新道路，發現此路不通，再走回來。

我也曾經被大腦裡的聲音困住而走不出來。身爲過來人我可以肯定地說：這樣的時間，才是花得不值得。不但讓自己備感焦慮，寶貴的精力更在日日夜夜的自我懷疑中被消磨殆盡。

成長，不是靠想出來，而是靠走出來的。一個行動才會引發下一個行動，一個成長才會引發下一個成長。而職涯發展就是靠這種風火輪而啓動的。

願我們都能無所畏懼，開啓自我的風火輪。

職涯探險第2步：深度挖掘第一手資料

職涯探險有沒有辦法走得更快更好？

掌握「挖掘第一手資料」這個祕密武器，

讓探險家彷彿得到了空拍機，事半功倍。

雖說職涯道路是一種探索，但也不用每條路都親自走一遍。有一個很強的祕密武器，可以讓我們得到情報，如同探險家多了空拍機，不用深入險境便可探勘地形。

這個武器叫做：挖掘第一手資料。

注意：這裡所說的資料，貴在「第一手」。也就是：直接從業界蒐集到的訊息。網路上的評論和分享固然有用，但我們花二十分鐘蒐集到的資訊，其他求職者也都找得到。這只能算是基本資訊，並不能成為我們的優勢。

舉例來說：假設我今天想進入金融業，可以在網路上搜尋「怎麼進入金融業」「金融業面試考什麼」。這樣的資訊能讓我們對產業有最基本的理解，但並不足以幫助我們擬定精準的求職策略。我們要做的，是挖掘出更深一層的、跟自己更切身的情報。

比方說：金融業又細分成哪些產業和公司類型？哪些科系背景的同學會去哪些類型的公司？哪些金融公司曾經招募過我們學校的學生？畢業以後的學長姊都任職哪些職務？學長姊在這些職位上做的是什麼事？所在的職務單位，有在招人嗎？有在招人的話，他們看重怎麼樣的背景跟特質呢？履歷要怎麼寫才會加分，有什麼大忌？正職和實習生招募時程分別是在幾月呢？我需要先考到什麼證照，才符合申請資格？申請這些職位有什麼學歷限制？

擁有這樣深度的第一手資料，可以讓眼前局勢頓時明朗許多。不用糾結於各種碎片化資訊，在五花八門的網路分享中胡亂猜測實際狀況，可以直接擬定對自己最有用的求職策略。

求職條件沒列出的潛規則

初次找實習時，我曾經槓龜好長一段時間而百思不得其解。當時想找投資銀行實習的我，似乎再怎麼努力都沒有效果：奇怪了，我在校成績夠高，履歷也放了該放的重點，怎麼連一次面試機會都沒有？網路上履歷教學所說的，別的同學在論壇上分享的，我都摸透了，怎麼始終杳無音訊？

後來，我參加了一場正在投資銀行工作的學長辦的講座，才聽到一個我從來不知道的重大訊息：在美國，各家銀行都有自己合作、喜歡招募的學校。這些學校稱爲「標的學校」（target school），通常由公司附近的名校組成。標的學校是歷史悠久的不成文規定，每年企業徵才季開跑，公司會優先面試標的學校的學生。標的學校的申請者如果數量充足且夠優秀，可想而知，那年的職缺很快就會額滿。而來自非標的學校的履歷，可能連看都不被看一眼。

學長還說，銀行業特別看重人脈。競爭太激烈，一家大銀行每年收到幾千封優秀學生的履歷，但職缺寥寥無幾，這樣該怎麼甄選？過度競爭的現象是：學生必須在徵才期開始之前，就先跟業界人士建立人脈。透過熟識的學長姊也好，參加說明會、蒐集主管名片也好，在大二、大三的時候，就讓公司內部的人對你有印象。如此一來，才有機會在大四時擠進面試行列。

這樣的職場資訊，對我有如當頭棒喝。

我意識到：要找到工作，光靠蠻力廣投履歷是不夠的，我還要知道這遊戲該怎麼玩。之前怎麼投履歷都沒有回音，是因爲自己的學校根本不在「標的學校」之列；我投的職缺，也是求職者比肩繼踵的大廠，等到徵才季才開始應徵的我，早已錯過聯繫校友的時機。

了解到這點，我立刻改變求職方向。先研究出自己的學校是否爲某些小型公司的標的學校（與學長姊詢問一番後，發現是的！），並開始接觸這些學校的校友，累積人脈。

就這樣改變策略之後，我投出的履歷回覆率大增！

投履歷沒有回音，很多時候不是因爲我們不好，而是因爲我們不知道遊戲的玩法。求職之路跟讀書考試很不一樣；在考試的世界，每個人擁有的資訊是一樣的，只要夠努力就有分數；可是在求職路上，比的是誰擁有更多資訊，誰願意捲起袖子下海去探索，挖掘出更多消息。願意花心思去採集資訊的人，更容易撿到寶藏。

如何深入虎穴，挖掘第一手資料

第一手資料就像是一本遊戲攻略，告訴我們遊戲怎麼玩，知道攻略的玩家自然比土法煉鋼的玩家玩得好。

那麼，要從哪裡挖掘資料，又該挖掘什麼資料呢？以下是幾個我常用的管道：

•學校的職涯中心：

學校裡的職涯中心通常是座被忽視的寶山，裡頭會有許多企業的招募訊息，讓我們知道有哪些公司喜歡來自己的科系徵才、學校的校友都去哪幾家公司、就任哪些職位。為什麼要知道這些資訊？因爲**職涯中心裡的職位是離我們最近的機會**，申請這些職位收到回覆的機率更大。這就像是遊戲攻略裡告訴你：哪些關卡比較好打，先從這些地方開始挑戰。

•公司舉辦的講座、說明會：

企業這次徵才的重點是什麼？對於專業證照有什麼特殊要求？申請時間會是什麼時候？這些基本訊息，都會在徵才說明會上得到解答。就像在打關卡前必須了解遊戲規則，講座說明會上的資訊不容忽視。但除此之外，從企業說明會上我們還可以挖到很多隱藏版寶藏：比方說，企業引以為傲的文化、徵才者看重的硬實力、軟實力、哪些經驗會是加分項等，**知道這些公司訊息可以幫助我們寫出企業想看的履歷，面試的時候呈現對方在乎的特質**，是打怪的利器。

- **直接聯絡業界人士：**

最精準最深刻的資訊，來自業界人士。業界人士可以告訴我們什麼？在工作的學長姊可以分享自己團隊徵才的重點、實際業務的內容、產業必備的能力；可以告訴我們產業的職涯進程、有哪些職位分別在做什麼事、短中長期發展如何；可以分享自己當初是怎麼求職成功、有哪些小撇步、哪些坑需要避開。跟業界人士的深度交流，不只是讓自己對職缺有所了解，更像是獲得上帝視角，當衆人皆在迷宮裡像螞蟻般找出路，你已經手握宛如擁有哈利波特魔法的劫盜地圖。

錄取MIT金融所教會我的事

第一手資料到底有多管用？我就曾透過挖掘第一手資料，申請上心儀的研究所。

麻省理工學院的金融研究所是我做夢都不敢想的學校，但當年志氣比智商高的我，決定挑戰這個殿堂。

我對於美國研究所學制一竅不通，連什麼是備審資料都不知道，抱著一股萬丈高樓平地起的傻勁，從研讀學校網站開始，徒手準備。

我研究了學校網站的每個字句，又去論壇找各種經驗分享，卻發現網路資訊太複雜，反而讓我找不到方向。有人說指定考試分數越高越好；有人說備審資料才是重點；有人說履歷上一定要有大公司的實習紀錄；有人說特殊的課外活動經驗才可以突顯自己……這麼多建議，反而讓我不知所措。所以我決定用最直接的方式：去招生說明會問個究竟。

我參加了MIT招生說明會，在演講結束後的問答時間，厚著臉皮舉手詢問各項申請條件的評分標準。招生委員很細心地爲我解答：備審資料跟指定科目考試一樣重要，千萬不要覺得科目考試夠高分，essay（小論文）就可以隨便寫喔！至於GMAT（研究生管理科入學考試）要考幾分才夠，上網去查學校的錄取平均分數，以此做爲標準就可以了；履歷上如果有金融相關經驗很不錯，但是學校也非常歡迎來自不同背景的申請者。

從招生委員的口中，我心中的疑惑一一得到解答。

但令我意想不到的是，招生說明會給我的寶物，遠遠不止於此。

在說明會中，招生委員談到學校的羅聞全教授當選了《時代雜誌》的百大影響力人物。羅教授致力於以財務理論解決世界上尚未破解的疾病問題，提出把金融工具運用在資助癌症研究的方法。這樣的研究既創新又值得敬佩。招生委員說得誠摯激昂，頻頻強調這種解決社會問題的精神，正是ＭＩＴ的風範。

我聽了精神爲之一振：從網路上旁敲側擊了好幾個禮拜，自以爲已經很熟悉學校特色，殊不知我知道的僅是皮毛。從招生委員演講中我才深刻體會到，原來ＭＩＴ金融所不僅是注重學術創新的殿堂，願意利用所學去解決世界上的難題，替社會創造價值，才是系所崇尚的精神。

在招生說明會挖到寶的我，決定趁勝追擊，直搗黃龍，去校園走一遭。我風塵僕僕地從美國西岸的加州跋涉了三千英里，來到東岸的波士頓，參加ＭＩＴ校園參訪。我和其他參訪者被帶到招生辦公室裡，年輕的主任替我們講解學校特色和課程內容。

爲了更深刻地了解這個系所，我問主任：「請問您覺得貴校的金融研究所與其他學校最大的不同是什麼呢？」主任微笑：「其實很多人都不知道，MIT不只在科技創新方面表現先進，我們其實很倡導利用所學對社會做出貢獻。像今年登上《時代雜誌》的羅聞全教授，就是一個最好的例子。」

我又再一次強烈地感受到，社會責任眞的是當年學校引以爲傲的地方。

這趟追尋第一手資料的旅程，讓我收穫滿滿。透過與招生委員的對話，我在在體會到系所的個性與文化。爲此，我決定在essay中闡述自己學習金融的深層原因，強調實踐社會責任是我求學的目的；而在口頭面試中，面試官主動與我深聊這個主題，談到了羅教授的事蹟，還有我對於金融領域的期許。這個共通的話題，讓我們的對話流暢又順利。

接下來，我也用同樣的方法，準備其他學校的申請入學。如果學校沒有舉辦正式說明會，我便直接寫信給招生辦公室，詢問校園參訪的可能；如果沒有錢坐飛機去校園參訪，我便在網路上找公開的校友資料，有禮地詢問對方能否跟我電話分享。透過無數個email和電話，針對每個申請學校，我盡其所能地了解它們的文化特色、學生特質、辦學理念。深刻體悟到每間學校都非常獨特，我也爲此根據它們不同的調性，客製化備審資料。

透過這種方法，我申請的四所研究所當中上了三所：MIT金融所、杜克大學管理學碩士，以及最後我選擇就讀的克萊蒙特麥肯納學院。

只要願意探索，小螞蟻也可以憑一己之力，找到突破之道。

申請學校如此，更何況是求職？很多時候，**求職無門，不是因爲我們不夠好，而是訊息不足**。我們沒有足夠的訊息知道要凸顯自己的哪些優勢、要呈現哪些相關經驗、要怎麼溝通才能展現出自己的能力；想要破解僵局，靠的就是夠多的資訊。

下一章，我們就來談談在求職路上，如何使用「聯繫業界人士」（Networking）放大絕，找到重磅級資料。

學姊真心話——

臉皮越厚，越能從砂礫裡淘到金子

如果你正在蒐集資料，在一片未知中努力地摸索，我想對你說：辛苦了。

這段蒐集資料的過程，其實有點難熬。原因之一，是因爲成果不是線性的

（跟前一章寫的探索期一樣）。

不是讀多少書就可以拿多少分，走越多的路就可以離終點越近；相反的，我們看不到終點，也無法測量自己努力到什麼程度。我們可能花好幾個月時間都毫無結果，參加無數場說明會都得不到有趣的資訊，寫了五十封 email 都得不到回音。

第二個原因，是因爲蒐集資料的過程超出我們的舒適圈；以往只要根據制定好的教材學習，突然間面對的是更艱鉅的挑戰：要踏入社會跟陌生人要訊息、要厚臉皮地尋求建議、要吃完閉門羹後依舊給自己打氣。這種挑戰，對於像我這種連打電話去餐廳訂位都不敢的人來說，簡直要命。

但也正是這樣，放棄的人多，堅持的人少。但是堅持下來的人，挖寶的能力會越來越強，也越有可能在砂礫裡淘到金子。

在申請上研究所前，我經歷了一段找正職的槓龜時期（沒錯，槓龜眞的是我的人生底色）。那時我參加了自己能夠想到的所有徵才說明會，可就算是參與其中也總是不得要領，無功而返。我花一個半小時的車程去一場徵才會，聽講時勤做筆記，卻沒有記到有用的資訊；演講結束後我緊張兮兮地想跟講者要名片，但個子矮、說話又不流利的我，卻總是被擠到人群後面。我就這樣當了好幾個月的壁花。

噢，我忘了說，爲什麼參加徵才會要跋涉一個多小時呢？因爲我的學校不是標的學校，大部分的金融公司不會來我們校園徵才。爲了爭取機會，我開去位在另一座城市的名校，假裝當地學生，混入他們的活動。其中一次當場被抓包，一個女生用鄙視的眼神把我從腳打量到頭，用嫌惡的語調說：「妳有什麼資格出現在這裡？」我當場語塞，既羞恥又尷尬。

不過，當去過的徵才說明會越多，我的英語聽力就越好，臉皮也越來越厚。一開始我鴨子聽雷，但後期我可以抓到重點訊息；一開始我只敢瑟縮在牆角邊，但後來我敢跟當地同學一起擠到臺前要名片。六個月後，雖然還是沒有找到正職，但這樣的磨練過程，成了我申請研究所的利器：在研究所的說明會上，我勇於大膽發言，與招生委員交流，不再當個壁花。

我很感謝那個當壁花的自己，她讓我學習拉下臉，從溫室裡的花朵變成了腳踏實地的實戰家。從前只會等著抄同學筆記的自己，養成了能夠應對未知的能力。

正在努力蒐集資料的你，眞的非常了不起。請堅持下去：你不僅會找到金銀島，更會在這過程中練就爲自己掌舵的力量。

蒐集資料的進階策略：如何聯繫業界人士

聯繫業界人士絕不只是廣發履歷、單方面地向對方「要一份工作」，或是毫無準備地等對方傾囊相授；與業界人士接觸必須誠心誠意討教，是事先做好功課的深度交流。

前一篇談完了參加招生與徵才說明會的故事，我們再來討論更進階的挖寶策略：如何聯繫業界人士，從他們身上蒐集到重磅資料？

聯繫業界人士是什麼意思？是打電話給公司老總，請他給我一份工作？還是把履歷廣發給所有認識的學長姊，請他們內部推薦？

以上都不是；聯繫業界人士，指的是英文裡的「Networking」，也就是「建立人脈網」的意思。這個詞彙的本意很廣，指的是我們在職業生涯中與人建立的各種雙向連結，可以是求職時爲了詢問機會而向業界人士寄email、可以是在工作時結交不同部門的朋友，也可以是在非專業場合上認識志同道合的夥伴。我們知道「Network」是「網路」的意思，所以任何擴建人脈網的動作都可以稱爲「Networking」。

建立人脈網是職涯道路上一輩子的功課。而對於剛開始探索職涯道路的我們，更可以藉此來觸及業界人士，蒐集更多資訊，獲得寶貴建議。注意：**聯繫業界人士絕不是單方面地向對方「要一份工作」，或是毫無準備地等對方傾囊相授；與業界人士接觸必須誠心誠意討教，是事先做好功課的深度交流。**

以下，就來談談在職涯探索期聯繫業界人士的幾個步驟。

想與業界人士做到雙向連結，必須做到兩件事

聯繫業界人士，只有簡單的兩個步驟：**送出訊息，並且深度交流。**

所謂送出訊息，就是指在取得對方的聯絡方式之後，透過合宜的媒介來進一步聯絡。這個步驟的要點在於訊息必須清晰簡短，訴求明確。

親愛的Fiona學姊，您好：

我是您××學校的學妹林婷安。我從校友通訊錄上找到您的email，並得知您現在在腳書擔任數據分析師。我對數據分析行業非常有興趣，目前正在一間新創公司的行銷分析部門實習。想請問您有沒有十五到二十分鐘的時間，願意跟我聊聊您對數據分析師職涯的建議呢？

謝謝您！

或是：

親愛的Fiona學姊，您好：

非常感謝您今天在腳書徵才會的分享！感謝您大方暢談在數據團隊的經驗，其中讓我覺得印象最深刻的，是當公司面臨難題的時候，分析團隊即時解析資料，給予策略建議，協助公司度過危機。這樣的團隊，讓我非常欽佩！

我未來也希望能進入數據產業，替公司創造價值。請問能否跟您約個十五到二十分鐘的時間，在電話上向您討教關於求職的建議呢？非常感謝！

由以上兩封信可見，我們可以在 email 裡簡單介紹自己是誰、怎麼獲得對方的聯絡資訊，以及說明希望如何向對方進一步討教。毋須寫出長篇大論，誠懇地表明動機後，便可以在信中闡明訴求。

訊息的內文都是經過客製化的，簡潔明瞭且訴求明確。讓收信者讀起來非常有親切感，也便於回覆。

送出訊息看似簡單，爲什麼求職還是這麼難？因爲送出訊息容易，得到回覆卻未必。業界人士工作繁忙，未必有時間回覆陌生的在學生郵件，純屬正常。但是求職者可以善用一個妙招提升回覆率，這個方法就是「二次接觸」（Follow-up）。

「二次接觸」，顧名思義就是寄出第二封郵件。試想，在徵才季節，一個去學校舉辦徵才說明會的主管，在現場留下自己的 email。隔天，信箱裡便收到了二十封想要電話討教的訊息！即使有心，忙碌的主管也不太可能有時間回覆每封郵件。

假如沒有收到回音，一個禮拜之後，可以考慮寄出第二封 email，禮貌性地再次詢問以電話討教對方的可能。這個二次接觸的回覆率就會高出許多。爲什麼？因爲百分之九十九的人，都只會寫出一封郵件，有毅力在第二個禮拜繼續詢問的人如鳳毛麟角。有心寄出第二封郵件的人也顯得更有誠意，讓人印象深刻。

假設寄出訊息以後，成功收到回音。在腳書數據部工作的學姊終於願意跟我電話聊天了！此時便進入「深度交流」的步驟。這個步驟的重點在於**「充分準備，問好問題」**。

在與業界人士交流時一定要有所準備。與人討教的大忌，是毫無準備的、直接期待對方把解答告訴自己。我自己就曾犯過這樣的錯誤。

大學時期，我為了做一份社會企業相關的報告，聯繫上一位社會企業的創辦人相約訪問。但不知天高地厚的我，在訪問之前幾乎沒做功課，只對「社會企業」搜尋了幾個關鍵字，就覺得萬事俱備。反正我是去訪問別人，又不是別人要訪問我。

沒想到，在對方辦公室坐定，不出五分鐘，創辦人便知道我「無備而來」。他嚴肅地問：「同學，妳對社會企業到底了解多少？」我支支吾吾答不上來。創辦人語重心長地說：「要向任何人請教問題之前，都必須有所準備，而不是期待我一個字、一個字地慢慢教妳。」我慚愧得無地自容，訪問失敗。

與人討教必須做好準備，原因除了基本禮貌之外，還有一個重點：**做好準備才可以讓自己得到更有用的資訊**。同樣花三十分鐘訪問，有備而來的請益者可以跳過基礎問題，直接問到核心資訊；沒有準備的人則有可能花了同樣的時間，卻只能問到在網路上也可以找到的資料而已。

舉例來說：

「學姊，請問矽谷的科技業都在做什麼呢？」毫無準備的人會像這樣，提出一個過度開放式的問題。

「學姊，我對大型社群媒體公司很感興趣，很想了解這樣的公司是怎麼運作的。除了工程師以外，產品經理、數據部門、財務策略部門等，是怎麼合作的呢？」這樣的提問更加明確精準，得到的答案會更有深度，訊息量翻倍。

如果你還是不太知道深度交流要問什麼問題，可以用以下幾個主題思考：

• 工作內容：

1. 對方日常的工作內容是什麼？大概在解決什麼樣的問題？
2. 對方覺得日常工作上最喜歡／最有挑戰的部分是什麼？

• 職涯發展：

1. 對方產業的職涯發展進程是什麼？不同階段會做什麼樣的工作？
2. 對方當初是怎麼進入這個產業的？對自己未來的規劃如何？

• 重點能力：

1. 對方的職位需要什麼樣的技術能力？
2. 什麼樣的人格特質、軟實力是這個職位看重的？

當然，你不用拘泥於以上幾個問題，想討論的內容完全可以根據你的需求量身訂作。不用過度擔心自己問題不夠完美，只要讓對方感到你有備而來，都是好問題。

舉例來說，我常常接到這樣的疑惑：「學姊，數據分析產業好複雜，感覺有各種不同類別的資料分析師、資料工程師、資料科學家……我完全搞不懂這個產業到底在做什麼，請問妳可以跟我分享妳的看法嗎？」這樣的問題雖然很開放，但聽者可以感受到你已經做了功課，對業界的各種分工有基本了解，通常會非常樂意答疑解惑。

統整資料，把訊息化為求職地圖

最後，也請別忘了一個重點：在深度蒐集資料的同時，必須統整記錄。

爲什麼統整很重要？因爲職涯探索固然熱血，但如果沒有老老實實地整理清楚資訊，把所見所聞繪製成求職地圖，寶貴的資訊也會流失。

如果不統整，常見的狀況是：我們忙了一大圈，向好幾個學長姊請教，參加好多場企業說明會，卻忘記了所學的內容。只隱隱約約記得某個學長跟我介紹他的工作，但眞的拿到面試機會之後，卻想不起來他團隊做的是什麼事；一口氣寄出好多郵件給業界人士，卻忘了哪些人有回、哪些人沒回，連什麼時候應該再寄出第二封「二次接觸」郵件都搞不清楚……因此在蒐集資料的過程中，切勿輕忽記錄的重要。

我的做法是建立一個表格，把每一位主動接觸的業界人士姓名、聯絡方式、所屬公司、接觸時間、接觸進度、聊天內容、預計下次接觸時間等資料仔細記錄下來。在每次接觸結束後，老老實實地記錄我的接觸狀況、學到了什麼。這樣的資料庫讓我輕鬆掌握自己建立人脈網的進度，知道下一步該怎麼走。

除了避免訊息流失，統整記錄還有一個最大的優點，就是可以在一邊記錄的過程中，一邊回顧檢討。我們會思考：剛剛那場對話，爲什麼沒有進行得很順暢？爲什麼參加了說明會，卻沒有要到重要訊息？下一次的我可以採取什麼樣不同的方法？爲什麼已經寄了五十封郵件，都沒有回覆？**統整的過程可以讓自己的腦袋消化**

資訊，調整並優化建立人脈網的策略。蒐集資料不是比蠻力的過程；透過蠻力寄出的五百封郵件，比不上經過優化後的十則訊息。這個優化的過程就是你求職勝出的關鍵。

學姊真心話——

五百封郵件，不如與好友的一碗拉麵

很多人以爲建立人脈網就只是在找工作時寄出上百封訊息、把自己的履歷廣發給所有認識的人即可；這種撒網式策略可能有用，但最終還是要回到所謂建立人脈的本質：建立與人的連結。

連結要怎麼建立，在於你有沒有一顆想建立長期關係的心。我們可以用罐頭訊息傳給通訊錄裡的所有人，也可以用眞誠的心寫出十封客製化郵件；我們可以「讓學長幫我內部投遞履歷」作爲談話目標，或是可以誠摯地和對方交流，虛心討教。很多時候，聯繫業界人士僅被視爲一種求職時的工具，以爲當工作找到了，連結就結束了。殊不知這樣的心態非常可惜：每個與人交流的機會，都是結交新朋友、獲得職場導師的可能。

廣結弱連結固然對初期求職有效，但培養強連結才是在未來深入職場時能幫助自己的關鍵。工作多年後我也發現，那些在徵才會蒐集到的一大疊名片，如果只是蜻蜓點水的交流，也只是通訊錄裡不會再打第二次的電話號碼；但那些深度交流的對話，無論是我主動接觸還是別人主動聯繫，都會成爲我人脈網裡強韌的節點，在我迷惑時他們主動相助，在他們有需要時我兩肋插刀。

很多同學問：「學姊，人脈到底要怎麼建立？」其實，只要有一顆誠摯開放的心，你的人脈網自然會長大。那麼，要不要寄到五百封郵件？這麼有衝勁當然可以，但非必要。

前陣子我去了一趟南加州，拜訪我的研究所同學。當年和我一起熬夜寫履歷的她，現在已經是一家大型新創公司的數據分析經理。我跟她去了我們最愛的拉麵店，在餐桌前訴說了我對職涯發展的迷惘。她對我眨了眨眼睛：「妳如果想來我們公司，隨時可以告訴我。」

五百封郵件，不如與好友的一碗拉麵。

職涯探險第 3 步：
個人價值解碼術

前兩個步驟只是探險家「向外探索」的過程，但職涯之路要打通，還必須「向內心探索」，了解自己。就算你做過的事再平凡無奇，也能從中看出你的價值。

到目前為止提到的概念，都屬於職涯冒險中「向外探索」的工具。然而光是這樣還不夠，我們還得「向內探索」，了解自己的能力。了解自己的能力，跟了解外部環境一樣重要。因爲**要眞的打通職業生涯這條路，必須「找交集」**。什麼交集？**對方的需求和自己所提供價值的交集**。

資料蒐集能了解產業的需求，而了解自我能力則讓人知道自己可以貢獻什麼。

在職涯道路上，如果前方道路阻塞，很可能是因爲我們能給的和企業要求的交

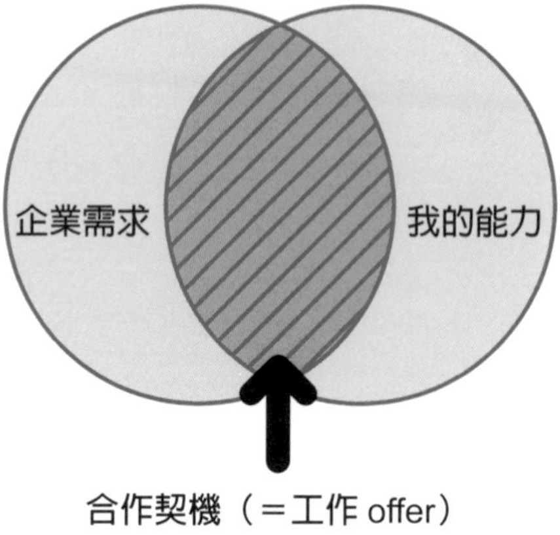

集太少；相反的，如果我要的你有，你有的我要，那麼眼前的道路必然爲你開通。

以上邏輯聽來簡單，實行起來卻未必容易。對於一般初探職場的人而言，首先常遇到的問題是：我們不知道自己有什麼能力，也不覺得自己有什麼能力。

我沒有做過正職的工作，實習也只是幫忙端茶倒水；我參加社團活動，但沒去當正式幹部……資歷尙淺的我們，此時很容易焦慮：我哪有什麼端得上檯面的能力可以展示呢？

這一章我想跟大家聊聊：其實，你有很多連自己都不知道的能力和影響力。我們要做的，只是把自己的價値解碼而已。

再平凡無奇的小事，也能看出你的價值

先來聽聽兩則故事。

•整理檔名的實習生

我曾經遇到一個同學，面試屢屢受挫。即使曾在一家科技公司實習過，但是畢業後還是一直找不到正職。

她來找我討論時，極度沒自信，一直強調自己不夠優秀，實習期間做的工作也微不足道。

我請她跟我敘述一下實習經驗，她說：「我在××公司實習兩個月，主要工作是替老闆整理資料。」我繼續問她：「不錯啊！整理什麼資料呢？」她勉爲其難回答：「我眞的沒有做什麼……就是幫老闆整理資料夾而已。我發現團隊的資料夾系統很混亂，時常發生檔案亂存的問題，老闆就請我一一檢查、整理。就這樣，眞的沒什麼！」

從她的語氣中，我感覺到她覺得自己的工作很普通，沒有影響力。我繼續問她：

「妳是怎麼整理這些檔案的呢？」

她說：「因爲資料夾系統太混亂，手動檢查很麻煩，我就把資料夾路徑檔名全都貼到 Excel 表格裡。檔案一覽無遺之後，我再挑錯、做分類。」

我問：「在妳整理資料夾以前，同事是怎麼處理檔案的呢？」

她說：「存檔或更新時常常出錯。比方說同事 A 跟 B 要開同一個檔案更新數據，做相關的事情，可是其中一個人開錯檔案了，點成舊的版本，那這兩個人最後就要花額外時間統整一次。還有，大家存檔很隨意，各種檔案版本散落在資料夾各處，連要找出對的檔案，都要花一番時間。」

「這種錯誤多久發生一次？」

「大概每個禮拜出現一、兩次吧！但也不是什麼大事，發現檔案有錯，改一下就好了呀。」

・去中藥店拉贊助的社員

大一時的我，爲了替社團活動籌備資金，被指派去拉贊助。有過社團青春回憶的讀者都知道，拉贊助就是個吃力不討好、難有業績的任務。你必須在課餘時間，去學校附近商家敲門要錢；而學校周邊的商家就這麼幾間，早就對三不五時上門的大學生充滿防備之心。除了固定幾個佛心店家願意賞我們兩百塊以外，幾乎不可能有更多突破。

某天，我和搭檔午休時間在臺北街頭拉贊助，揮汗如雨的我已經眼冒金星。這時我們經過一家中藥店，搭檔居然說：「我們進去吧！去跟他們拉贊助，試試看！」我聽了大驚，這根本不可能成功吧，但圖著中藥店裡的冷氣，我還是跟著走了進去。

中藥店裡的女醫師有點驚訝，但是還是耐心聆聽我們的活動宗旨。沒想到搭檔還沒解釋完我們為什麼需要資金來辦活動，她居然毫不猶豫地掏出兩張千元大鈔，一臉和藹地說：「我一直都很支持學生辦活動，希望這點錢對你們有所幫助……」

我的下巴掉了下來。直到十幾年後寫下這段往事的我，依舊覺得震驚。

看完以上兩則故事之後，你覺得這兩位同學，有沒有展現能力？有沒有創造價值呢？他們的經歷對於履歷與面試有幫助嗎？

在我看來，這兩位同學做的事都非常有價值，都可以為履歷與面試加分。

以整理實習公司資料夾的同學來說：沒有她孜孜矻矻整理，團隊便會浪費時間處理檔案錯誤，以及重蹈覆轍資料找不到的問題。如果一個禮拜出錯兩次，每次出錯都要花半小時時間重新統整，那麼她這整理檔案的小小動作，一年下來就可以幫公司省下五十個小時的人力。五十小時看似不多，不過也夠公司做出一個小專案了。

除此之外，整理檔案也是幫公司做風險控管：檔案重複事小，但檔案出錯事大。萬一哪天公司不小心傳了錯誤的檔案給客戶呢？萬一在交件前一秒才發現檔案錯了，需要花時間統整，而錯過了死線呢？這名同學整理檔案的同時，也是在替公司效率和品質把關。再者，與其一個個手動整理資料夾裡的檔名，她爲了避免出錯，把檔名一一放到Excel表格裡統整，進行系統性歸納。這樣系統化處理事情的能力，是職場上很重要的技能。

因此，這位同學在履歷上可以寫下：**負責幫團隊系統性整理檔案，建立檔名管理系統，一年替公司省下五十小時的人力除錯成本。**

在面試時，她可以這麼說：

我在實習時負責整理資料夾的工作。過程中我發現公司有個問題：因爲沒有好的存檔規範，很多時候檔案會有找不到、重複，或版本混亂的狀況。每次發生狀況，都要額外花二、三十分鐘除錯，影響團隊工作效率。一年下來，我們公司耗費近五十小時的人力成本在不必要的檔案整理上。

我決定好好建立一套資料夾系統，解決檔案混亂的問題。首先，我把檔案的名稱和路徑輸出貼到Excel裡，統一檢查，分門別類。然後，我再與主管討論，建立更清晰的資料夾邏輯，讓同仁清楚知道什麼檔案該放哪裡。我把這套整理方法向我的團隊推行，也訓練其他員工採用。兩個月後，團隊再也沒有出現檔案出錯的狀況，大大提升公司的產出品質，也節省了數十小時的人力成本。

你看，如果仔細將能力拆解，並闡述工作環節的重要性，經歷便能敘述得精采有力。

那麼拉贊助的同學呢？

從故事中我看到了搭擋好多值得讚許的地方：首先，他展現不屈不撓的精神，即使正中午，我們揮汗如雨，他依舊願意挨家挨戶敲門；再來，他展現了溝通力和說服力，藉由三寸不爛之舌說服店家給贊助；最後，他發揮創意，當原有的機會耗盡，他便靈機一動選擇去中藥店一試。而這些能力成功創造出兩千元贊助，是一般贊助的十倍業績。

在履歷上，我的搭擋可以寫：**替社團拉贊助，拓展接觸店家領域，獲得十倍贊助業績**。

在面試的時候，如果被問到有什麼值得驕傲的社團經驗，他可以說：

> 大一時，我負責幫社團拉贊助。這樣的工作看似微不足道，但我卻非常認眞執行，以此爲機會，訓練自己的溝通和做事能力。好幾個星期的時間，我一天都只拉到兩百元贊助；但我繼續堅持，也不斷想突破的辦法。有一天，我決定做出新的嘗試，去非餐飲業的商店試試。我去了一家中藥行，闡述我們活動宗旨，沒想到獲得支持，得到了兩千元的贊助，是以往的十倍！我把業績告訴社團同學，也激起大家效法，紛紛用創意的方法拉贊助。這個經驗我很自豪的是，我展現了認眞負責、不屈不撓的精神，把拉贊助的小事也當成大事來完成，並且面對難題，我願意嘗試新的方法，用創意去創造可能。

簡單的社團經驗也可以敘述得內容豐滿，觸動人心。除了用數字強調業績，更把自己不屈不撓的心路歷程加到故事裡，點出「即使是微不足道的小事，我也用百分之百的心態去努力」。

「能力拆解」與「價值敘述」，把平凡無奇的經歷描繪得閃閃發光

以上兩個例子的當事人，可能都覺得自己沒什麼特別，在我看來卻有很多亮點。所有經歷只要用對的方式陳述，價值便可以清楚呈現。

那麼，要怎麼看到自己特別的地方，並且說出有力的故事呢？

我通常會用以下兩個方法來幫助自己思考：

1. 能力拆解：

把自己做某件事的過程，拆成一個個環節，從頭到尾檢視一遍。然後在每個環節上，思考自己用了什麼能力。

這個過程很簡單，只要有耐心，把自己做過的事情抽絲剝繭檢視一遍就可以。

我們每天處理日常事務，因爲太過熟悉，時間久了自然會覺得自己「做的事情也不過就是如此而已」；但如果仔細地把工作拆解開來，我們便能發現自己其實展現了多元的能力。

舉例來說，你被老闆指派每天早上整理產業新聞給他看。這項功課乍看之下，運用的能力只有「整理資料」，似乎不值得一提。可是如果拆成更細的環節，你會發現：首先，我們展現了資料蒐集的能力（使用搜尋資料庫和搜尋引擎）；再來，更進一步展現了辨別資訊重要性的能力（篩選重要新聞給老闆）、摘要的能力（把新聞內容化成幾句重點），還有統整的能力（把新聞分門別類歸納）。這樣一想，你頓時便不只是「貼新聞給老闆看」的小弟，而是「統整產業資訊、歸納重點、撰寫摘要並即時匯報CEO」的負責人。

即使沒有工作經驗，在課堂做報告的我們，也運用了多種能力。假設爲了要做一份品牌行銷報告，你帶著組員到街頭發關於洗髮精喜好的問卷。你根據人潮流量和動向，分配組員到不同的街口站崗，這是規畫資源的策畫力；你在街頭站了一整天，不斷被拒絕，但又繼續嘗試，這是負責和敬業的表現；蒐集完問卷，你把一份一份資料打進電腦裡，用Excel表格簡單做了整理，看看不同問題的平均分數是多少，這是數據分析能力。

與其在面試時說「我做了一個行銷報告，發了兩百份問卷」，你其實「帶領小組在街頭發問卷，策略性地分配組員站崗位置，達到最高發放率；為了蒐集充足數據，不怕被拒絕，敬業地發完兩百份問卷；資料蒐集完畢，把問卷統整成數據資料，用 Excel 表格進行基礎分析，歸納出消費者對於洗髮精品牌的喜好」。

一件事情能夠做好，通常仰賴不只一種能力。所以，在覺得自己的經驗毫不起眼之前，先練習拆解經歷，用第三者的眼光分析自己、看見自己的能力。

我曾經在公司跟隨過一名銷售人員，目睹她跟潛在客戶打電話的過程。短短的十五分鐘，對她來說只是個平凡無奇的一通電話，我卻看到了好多讓人佩服的地方！

首先，她先打開潛在客戶資料庫，從中決定要先打給誰（這是針對手上工作制定優先順序的能力）；再來，她把客戶基本資料調出來，並上網查看客戶官網、粉專等，希望蒐集更多訊息（蒐集資料的能力）。隨後，她撥打電話，根據剛剛查到的客戶資料，用量身訂做的話術來說服對方試用我們的產品（強大的溝通能力、說服力）。客戶不斷婉拒，她嘗試用不同方式介紹方案之後，還是徒勞，便有禮地謝謝對方，掛斷電話。但同時她也在資料庫上記錄了這次談話的內容，並決定等一段時間之後，再挑個不一樣的時間二次接洽（再接再厲的精神、統整訊息的能力、制定短期策略的能力）。

這通電話，看在從沒做過電話銷售的我眼裡，激賞不已。她不僅僅是「替公司打電話的銷售人員」，而是「透過不同渠道挖掘資料，發掘潛在客戶，透過良好的溝通和說服力促進客戶轉換，並擬定接觸策略」的優秀人才。

所以，只要細心把做過的事拆解，任何在自己看來平凡無奇的工作，都可以找到發光的地方。

2.價值敘述：

明確闡述出自己的價值，優勢才可以被看見。

在拆解完自己的能力之後，我們還要「把價值說出來」，點出自己的影響力。以整理資料夾的同學爲例，「用 Excel 表格整理檔名、建立新的資料夾系統」是能力，而「增進團隊工作效率，替公司省下數十小時的人力成本」是影響力。

要讓故事更有力道，除了點出能力，還要把價值描繪清晰。

怎麼打開視野，看到自己的價值？以下是兩個我愛用的視角：

視角一：反向思考

如果沒有我做的這件事，最壞的結局是什麼？

所有的工作都有它存在的意義。要看到意義，可以自問：如果沒有我做這件事，會發生的最壞結局是什麼？

以整理資料夾的同學爲例，會發生的最壞結果是「公司傳錯檔案給客戶」「因爲檔案出錯而錯過死線」「因爲處理檔案問題而花了大量的時間」這下子，我們就可以看出整理檔案的工作不僅是整理檔案而已，而是「替公司的產出品質把關」還有「提升團隊工作效率」。

再舉一個例子：假設你是社團的設備股長，唯一的工作就是設計一張器材借用表格。如果沒有你做這件事，會有什麼最壞的後果？

社員如果忘記歸還器材，便要花很多時間尋找，如果找不到，還要重新撥款採購。如果一直沒有建立器材借用機制，社團長年遺失器材，每年都要花好多預算跟人力在買設備……這樣一想，你做的就不只是用 Excel 列印出一張表單而已，而是「設計設備借用制度，維持社團正常運作」。

或是你的實習工作是負責在客戶來訪時端茶倒水，在公司有重要會議、團隊很忙時，幫忙訂便當。老闆需要印什麼東西，就去幫忙印；同事要跑什麼腿，就幫忙跑。這樣的實習經驗，很多人都有。試想：如果沒有這樣勤奮的實習生幫忙，沒有人在客戶來的時候接待、處理餐食，客戶參訪體驗一定大打折扣；沒有人在團隊忙的時候幫忙跑腿影印，落得主管在焦頭爛額時還要衝去影印店把資料輸出，團隊效率會大大降低。實習生做的工作在自己看來是雜事，但其實可以「增進團隊行政效率，確保工作品質，並協助維護客戶關係」。

試試用不一樣的眼光看自己，你會發現，很多事情還眞的不能沒有你呢。

視角二：高度視角

用高層的眼光來看自己所做的事。如果你是老闆，指派員工做這件事的目標是什麼？

這個方法主要逼自己換位思考：跳脫基層員工的角色，用更高更廣的方式想想：我做的這些事情，背後的意義是什麼？

以替老闆蒐集資料、整理新聞爲例。老闆想要看產業新聞的目的是什麼？絕對不只是早上沒事幹而已，他看新聞的目的其實是要掌握產業資訊。爲什麼要掌握產業資訊？因爲這樣就可以知道競爭者出了什麼招，上下游發生了什麼事，可以協助他思考公司的戰略布局，並且嗅出先機或危機。

你每天的新聞整理，不僅僅是隨便複製貼上，而是「統整產業新聞，製作晨報，協助主管掌握最新資訊，生成公司策略。」當然，身爲員工，我們在做事時就要有這樣的認知，把自己當成協助老闆發想策略的人，將手上的任務做好做滿，而不是隨便貼新聞的小弟。

再舉幾個例子：我剛開始實習時，做很多資料輸入的工作。我必須把紙本報表攤開來找到老闆要的數字，然後一一輸入電腦。這樣的工作看似簡單，但是非常重要，因爲我輸入的數字，會成爲報表的一部分。表面上這份工作是「輸入數字」，可是我其實是在協助公司生成報表，並確保財務資料正確。

又有一次，老闆交代我蒐集香港某類型基金的資料，請我把結果整理出來，貼給他看。我好奇地問爲什麼：老闆說他們正考慮在香港開分公司。我眼前的工作雖然只是把公開訊息整理給老闆，但事實上我是在幫忙建立一個資料庫，協助公司做出海外擴張的決策。

在學校寫報告也是同樣的道理。假設你現在在做一份團體報告，你負責的部分是訪談在校生對於學校新的資源回收政策的看法。如果只看到表面，你會覺得自己做的僅是召集幾個同學，請他們抒發意見，並且記下筆記罷了。可是如果拉高一個層次，你會看到做這份報告的目的，不是爲了讓同學來聊天，而是爲了要「蒐集反饋，爲學校政策提出具體建議」。

把自己的眼界拉高，逼自己用不一樣的層次去看待手上的工作，便會發現工作背後的意義。這項練習不僅僅能幫助我們寫出更好看的履歷、面試時更能說到重點，更重要的是：**理解工作的深層意義，更可以激勵我們做得更好，創造更多的價值**。

如果只把自己看成訂便當的小妹，也就沒有動機做出超出訂便當能力的事，實習結束，我依舊只是個便當小妹；但如果把自己看成老闆重要的行政助手，負責爲客戶留下良好的來訪體驗，那我們不僅會訂便當，還會幫忙把便當拿到會議室，一個個擺放好之後，報備老闆，讓他順暢地接待客戶。便當小妹透過積極主動的態度，把自己變成了半個行政助理，這樣的實習生會讓人印象深刻。

同樣的，實習時如果只把自己當成貼網路資料的小弟，那麼資料隨便貼完，工作也就到此爲止；但如果把自己當成老闆的策略顧問，我們會懂得去問更多問題、去思考什麼樣的訊息對公司有用、去了解各種訊息是怎麼影響到公司決策。久而久之，我們統整出的資料會更有重點，自己也累積了更多產業知識。老闆見到這麼有 sense 的小弟，有好的機會一定優先錄用。

所有的工作都有其存在的意義。用心發掘，你一定能找到價值所在。

學姊真心話——
做事時盡心盡力，那就放膽說出你的價值

所謂「把價值說出來」，不是用話術來膨脹過往經驗，把自己沒做的說成有做的，而是用更細膩的方法，把做過的事有效呈現。

所有付出與經歷都值得你自信表達。那些站在街頭發問卷被拒的時光、那些接客服電話被罵的日子、那些戰戰兢兢幫團隊待命跑腿的點滴，你的付出與汗水，都在替組織創造長遠的價值。你辛苦蒐集的資料其實幫老闆想出了新的策略，你仔細檢查文件其實替公司免掉了致命錯誤，你用心經營的社團粉專其實是社員源源不絕的關鍵。凡走過必留下痕跡，這些用心不會白費。

而這也告訴了我們，做事一定要盡心盡力。馬馬虎虎地隨便貼資料給老闆，這樣的文件不會創造出價值；半吊子地管理社團網頁，並不會替社團招來新血；隨隨便便整理資料夾，出幾個錯，沒有人會罵你，但履歷上也不能寫出自己替公司增加多少行政效率。到頭來，爲什麼有些同學在面試時可以侃侃而談，自信地說出自己的貢獻，而有些人則是畏畏縮縮，什麼都說不上來？曾經付出汗水的人更知道自己是誰、能貢獻什麼。

用心做好手上的每件事情，讓自己在探索職涯的道路上，站得更直、踏得更穩。

給菜鳥探險家一劑強心針：前途再迷茫，都有辦法

迷茫的時候，我用教中文帶給自己力量。
當你感到困惑卡關，最好的解藥是投入生活，「做點什麼」。
把袖子捲起來，採取行動，是穩定心情的魔法。

這段不斷向外和向內探索職涯的過程，可能讓你感到既孤獨又辛苦。沒有夢想的探險家，即使懷抱希望，有時候也難免感到疲累與迷茫。

在交換學生期間，有一段日子我感到非常無力。我有課可以上、有社團可以去，照理說應該活得很充實快樂，但我的心情卻是黑白的；已經大四了，我還不太知道自己是誰，找不到施力點，像是一艘遠離軌道的太空船，沒有重心地在宇宙飄盪。

我努力參加活動、交朋友、上課；把生活排得滿滿的，用盡方法替自己找一根

救命繩索。

可是，無論怎麼努力，內心依舊空蕩蕩。我沒有歸屬感，雖然有朋友，但價值觀還是不太一樣；雖然有課上，但交換結束後，該何去何從？我沒有方向，拚命利用手上的資源，但內心還是覺得無所依靠。

探險家也有迷失自我的時候。雖說每一步都是向前，但當身處黑夜的森林，在一片漆黑裡只有拿著小燈的自己，走久了也會覺得害怕。

「做點什麼」的力量

這時的我突然有個想法：既然生活困苦，不如去教中文吧。賺點錢補貼生活費，有點價值產出也好。

於是我上了 craigslist 登了一篇小廣告（類似臺灣的 BBS、批踢踢），簡單介紹自己，一堂中文課三十美元。每天只會上課、跑社團的我，突然有股興奮的暖流在體內流竄：我覺得自己終於「做點什麼」了。

我開始收到回覆。經過幾次魚雁往返，收到兩個學生。一個是帶著兩個女兒、已經離婚的白人爸爸，一個是與我年齡相仿，正在讀研究所的亞裔女孩。學校對面的漢堡店經常空蕩無人，我便在那裡設點，與學生約在靠窗的位子，一堂一堂地教中文。

原本只是想賺點外快，沒想到教中文卻成了我莫大的精神支柱。看著學生一點一點地進步，我充滿成就感。白人爸爸上課非常認真，筆記寫滿滿，課餘時間還會自己找影片練習。

他的兩個女兒，一個六歲，一個八歲，跟在爸爸身邊旁聽，也張著嘴跟著我們唸：「你好嗎？」有一次，六歲小女孩跟著我唸課文，我驚喜地發現她居然完全沒有口音，儼然就是個臺灣小孩在說話，讓我驚豔不已。

亞裔女孩熱情活潑，第一堂課我們就成了好朋友。她見我在漢堡店上課辛苦，便主動接送我到她宿舍的交誼廳，讓我在那裡上課。父母同是華人的她，想要系統化地學好中文，了解家人的文化。看見她興奮地問各種問題，時不時發出靈光乍現的讚嘆：「啊，原來我媽說的那句話是這個意思！」我覺得暖心。

當然，一個女孩隻身在速食店教中文，也有風險。

一次，一位相貌英俊的白人大叔跟我約了第一堂課。我認真講解課程內容和系統、簡單帶他練習發音，卻發現他對我的身家背景、感情狀況，比學中文更感興趣。他不斷暗示四十歲的他依舊單身，歷任女友都是華人，且年齡都跟我差不多。他喜歡年紀比自己小很多的，而且正在空窗期……傻呼呼的我沒有讀出話中的隱藏訊息，死腦筋地把一小時的課認認眞眞地上完。出了速食店，他堅持開車送我回宿舍，我才察覺不妙。我不停裝傻婉拒之後，他才放棄。

這段教中文的時光雖然辛苦，但替我的生活注入活水與樂趣。成天在校園裡煩惱未來的我，可以在每個禮拜的幾個小時，跳脫焦慮的大四生身分，變成一位創造價值的老師。這段經驗雖然沒辦法寫進履歷，卻給了我一股穩定的力量。

有的時候，人需要的只是那麼一點點自我價值感。如果你也迷惘，不妨找個給自己價值的方法，然後使勁抓住它。毋須計較能否對未來有幫助，身在黑暗時期的我們都需要那一盞微弱的光。

後來我找到實習，必須停止教學。我和兩個學生不捨地說再見，他們祝福我工作順利。後來我收到白人爸爸的一封信，他說自己搬到了北京，遇見一個心儀的當地女子，現在他每天都有免費的中文課可以上。

我會心一笑，祝福他愛情順利。整了整身上的行囊，我繼續向前行。

學姊真心話——

有所產出，是穩定心情的魔法

當生活卡關，有的時候，與其絞盡腦汁在現有框架裡想辦法，不如跳脫出來，讓自己做點別的事情。

這種「做點什麼」的感覺，有種莫名的魔法，可以帶給自己力量。

教中文的那段時間，我身邊的同學不是在跟大公司面試，就是已經開始實習。看著走在我前面的朋友，我忍不住焦慮，懷疑自己。可是教中文之後，我居然有了種莫名的底氣：原本支支吾吾不敢說自己求職近況的我，面對他人的詢問，可以自信地說：「我在教中文！」

這句「我在教中文！」，給了我一個「identity」（身分認同），一個避風港。

當社會還沒爲我們垂降攀上職涯的梯子，那就自己找一條繩索吧。

你可以是參加一場運動比賽、從事自己擅長的文藝活動、做志工幫助他人，或是兼一份短期工作……有的時候，**迷惘的解藥不是絞盡腦汁地向內分析自我，**

而是更加地向外深入生活。把袖子捲起來，你會發現，當我們身體力行，自信也會因此萌芽。

毋須計較自己該產出什麼、做什麼才「對未來有幫助」；任何讓我們重獲價值感的事情、對社會有所付出的事情，都有穩定心情的魔法。

當心態穩了，自信有了，才有力氣爬上困難的職涯階梯，不是嗎？

PART 2

進階篇

沒有夢想也不得不面對的求職大魔王

職涯探險魔王1號：履歷

投履歷，是一場爭奪面試官注意力的比賽，
透過用心布局、強調關聯性、管理面試者閱讀注意力等獨家方法，
完整揭露你不可不知的祕辛，讓你寫出搔到癢處的好履歷！

蒐集業界資料、了解自己的價值優勢等初階準備完成後，接下來就可以著手撰寫履歷，和第一個求職魔王戰鬥！

履歷魔王難搞的點在於難以捉摸。你不知道要投到第幾份履歷才有回音，寫到第幾個版本才算到位；看著身邊的人紛紛拿到面試，自己只能面對著空空的信箱，暗自神傷……

這樣的過程很難熬，但如果用對策略，履歷魔王也可以順利攻克。

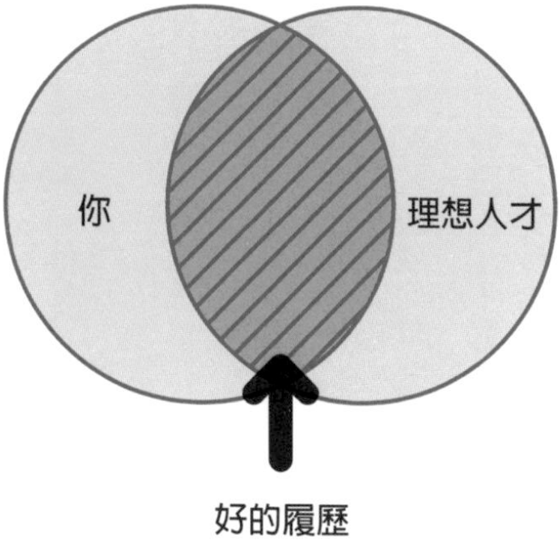

打過多次履歷魔王的學姊，在此完整揭露我的武林祕笈！

「關聯性」是魔王鎧甲下的軟肋

打敗履歷魔王的祕訣，在於「關聯性」。

一份致勝履歷，關鍵不是在於華麗的用字遣詞、塞得滿滿的版面、艱深的技術詞彙，而是「履歷上的經驗跟對方要的人才，有非常大的相似度」，也就是之前提到的「交集」概念：當你想要的我有，我有的你想要，自然而然會推向合作關係。

在職涯探索初期的我曾屢屢收不到回音，很大的原因是我執著於耍帥，把一張Ａ４紙塞得滿滿，明明是一條條簡單的經歷，卻寫得複雜難懂，導致對方看不出我到底想表達什麼。過於追求華麗，只會讓讀者分心；重點是去蕪存菁，好好呈現最有關聯性的經歷，才能搔到癢處。

來看以下幾個例子，感受一下何謂關聯性：

情境一：你是一家服飾電商品牌的老闆，想找一名實習生當臉書專頁小編。

人才一：

- 學業成績：長春藤名校畢業，全系前三名。
- 社團活動：擔任辯論社社長、管理顧問社社長、金融研究社教學幹部。
- 實習經驗：摩根史坦利投資銀行部門暑期實習生，幫一間大型科技公司建立財務模型，協助上市。
- 志工經驗：暑假期間去非洲創立學校。

人才二：

- 學業成績：州立大學經濟系畢業，GPA 3.3。

- 實習經驗：小型寵物電商網路小編，讓電商粉專粉絲數從一百人漲到兩千人，商家評價從兩顆星變成四．五顆星。
- 課外活動：經營個人美妝 IG 帳號兩年，擁有三千粉絲。

情境二：你在新創公司做數據行銷，業務繁忙，分身乏術，想找一名正職員工幫忙整理行銷數據。

人才一：

- 學業成績：金融研究所畢業，GPA 3.7。
- 社團活動：模擬聯合國社團幹部，曾經舉辦大型國際會議。
- 實習經驗：曾在新創公司實習，擔任業務助理，協助公司拓展客戶；在私募基金、投資銀行實習，擅長建立財務模型，曾協助中型餐飲連鎖店募資五十萬美元。
- 其他成就：曾去菲律賓做生態志工、興趣是寫部落格。

人才二：

- 學業成績：金融研究所畢業，GPA 3.7。
- 實習經驗：曾在新創公司實習，負責業務拓展，並將銷售狀態整理成數據，讓團隊便於分析；曾在私募基金、投資銀行實習，善於用 Excel 表格統整各項數據。
- 其他成就：撰寫個人美食部落格「糖霜與西瓜」，自學數據行銷來增加粉絲，成功寫出數篇萬人點閱文章，粉絲數三千人。

（注：以上履歷爲簡化版，並均爲虛構）

請問這兩種情境中，你會選擇人才一還是人才二？

可以看出，情境一徵臉書小編的電商老闆，需要的是一個願意寫文案、對網路社群有所了解的同學。比較人才一與人才二，我們會發現人才一的履歷固然優秀，但並沒有跟徵才需求有太大關聯。擔任社團幹部跟銀行實習雖然令人刮目相看，但似乎與擔任社群小編不大相干。相反的，人才二的履歷則更貼合職位方向。這位同學寫出了自己經營社群媒體、擔任小編的經歷，即使學業成績沒有人才一亮眼，但因爲經驗與職缺非常相符，會讓招募人員有信心推進下一輪面試。

第二個情境也是同樣的道理。在情境二裡，新創公司的行銷主管需要一個幫忙整理數據的工作夥伴。人才一和人才二，你會選哪位同學來面試？

相信你已經發現，這兩份履歷是同一個人寫的。同樣的人才，履歷切入的手法不同，呈現的效果也會不一樣。第一個版本給人的感覺是經驗豐富多元：曾參與學術社團、做過業務和金融相關實習，也擔任國際志工。第二個版本則強調數據能力與行銷力：同樣的實習經歷，作者以數據爲切入點，強調自己會使用 Excel，並懂得數字化商業資訊。在其他成就方面，作者也刻意提到行銷自己部落格的經驗，顯示出對此領域的興趣。

以徵才者的角度來看，履歷一的多元經驗讀起來不痛不癢，但履歷二則緊扣徵才需求，讓人忍不住想請他來面試，分享更多。

由此可見，**履歷不在比誰的資歷更顯赫；而是在於呈現出「我擁有你想要的相關技能」**，讓人看了想更加認識我們，進而打進面試關卡。

如何寫出高關聯性的履歷

那麼，我們就來說說：具體而言，要怎麼把履歷寫得搔到癢處。兩個步驟：

第一步：下筆之前，先了解對方想要什麼樣的人才

想知道什麼樣的履歷會讓徵才者心花怒放，首先要知道對方的需求。問題來了：要怎麼知道對方想要什麼樣的人才呢？

這時，我們之前蒐集的資料就可以派上用場。從打過的電話、參加過的徵才說明會中，我們聽到了什麼呢？

「我們公司現在很缺會寫文案的人喔，如果你有相關經驗，非常加分。」

「這個團隊很希望找到有熱忱且不怕犯錯的銷售實習生，沒有業務經驗也沒關係，只要個性開朗、願意嘗試，都可以喔。」

「我們部門很希望找到技術能力強，又有統計背景的人，來處理特別困難的資料問題。」……

仔細想想，眼前你想應徵的團隊，想要的人才是什麼模樣？如果你就是徵才者，會想要看到怎麼樣的履歷呢？

如果沒辦法蒐集到第一手資料、沒有人脈，那該怎麼辦？沒關係，還有另外一個祕密武器：公司公布的職缺訊息。職缺上通常會寫出徵才條件和工作內容，從這裡我們就可以看出一些端倪，猜出公司偏好什麼樣的人才、來團隊得做什麼事。

如果這間公司的徵才內容資訊量太少，那也沒關係，我們可以從「別間公司的相同職缺」來旁敲側擊。我從經濟顧問轉行到科技業時，用到的就是這種技巧；不知道「科技業數據分析師」在做什麼的我，花了一個月的時間飽覽各家科技公司開出與「數據」相關的職缺。一開始，我覺得各個職缺大同小異，但研究了一陣子，我漸漸可以把職缺分門別類，知道有些崗位對統計和數據處理技術要求比較高，有些則是強調結合數據和商業決策的能力；再研究一段時間，我開始可以抓到這些職缺共同的用字遣詞，在腦海中描繪出對方想要的人才的具體樣貌：不害怕處理海量數據、能從數據中找到有用的訊息、把訊息化為建議，幫助團隊做最好的決策……

在「了解對方想要什麼人才」的這個步驟，要試著畫出一個理想人才的圖像，越準確越好。這個人才具備什麼樣的能力？可能擁有過哪些經歷？在崗位上做的是什麼工作？他在公司裡處理什麼樣的難題？又是運用哪些能力來處理難題？

把這個「理想人才圖像」描繪得越好，便越能夠貼合人才形象，進行到下一個步驟：具體呈現自己的相關經驗。

第二步：呈現相關經驗

我們知道了對方的理想型之後，便可以把自己變成對方喜歡的樣子！

咦，等等，我知道對方要的人才長什麼樣子，可是……我沒有符合的地方啊！

眼前各個職缺，都要求應徵者有相關的工作經驗、要拿出發表過的作品……所有公司都想要那些已經做過同樣職位的人，沒有工作經驗的我，永遠無法踏入產業的大門。無法進入職場，就無法有相關經驗，沒有相關經驗，就無法進入職場……這不就是一個無解的迴圈嗎?!

在競爭激烈的產業，類似的困境經常出現。不過，再困難的情境也有突破的可能。突破的方式就是：**沒有直接相關的工作經驗沒關係，我們有「間接相關經驗」**。

什麼是間接的相關經驗？舉例來說，我們沒有在任何一間公司裡擔任過數據分析師，但我們有在課堂上分析數據的經驗；我們沒有在銀行實習過，但我們修過財務管理課程，學會用公司的報表建立財務模型；我們沒有擔任過銷售員，可是我們在社團活動時，曾有挨家挨戶拉贊助的經驗；我們沒有當過產品經理，可是在公司研發新產品時，我們主動參與規畫協調的工作，讓產品成功上線……沒有職稱，並不代表沒有經驗。沒有頭銜，並不代表沒有能力。

前面說到的能力拆解法，在這裡正好可以派上用場。

讓我們拋開職位的枷鎖，看看自己身上已累積了哪些能力：

你沒有當過行銷營運實習生，但是你幫助社團管理網頁和粉絲團，在招生期間經由你的大力推廣，參加說明會的人數從以往的十幾人變成一百人，這就是你的行銷力。

在公司裡你擔任的是技術職位，沒有主管的頭銜，可是在某個專案裡，你帶領兩個菜鳥員工完成一個六個月的大工程，從藍圖設計、實踐流程到進度報備，都由你擔任領導者的角色，這就是你的管理能力。

你沒有在策略職位掛名，但是你身為董事長特助，處理公司在海外開分公司的大小事宜，從風險評估到海外徵才，都由你一手撐起；這樣實質的策略經驗，儼然就是營運長在做的事情。

沒有頭銜的我們，很容易感到沒自信；但是對於徵才者來說，能抓老鼠的都是好貓。有過上戰場的經驗，不用害怕說出來。直接、間接的經驗都可以讓人刮目相看。

撰寫履歷：準確掌握徵才者的注意力

知道內容要寫些什麼以後，便可開始撰寫履歷，讓精華躍然紙上。

履歷撰寫的精髓，不在於找到宇宙最強範本（這樣的範本根本不存在，因爲每份履歷都是獨一無二的），也不是套用最震撼的句型和最高階的詞彙（如前所述，過度花俏的語句反而讓人心生困惑），而是在於能否**「在有限的時間內讓審核者看到想看的訊息」**。因爲履歷，是一場爭奪主考官注意力的比賽。

什麼意思？

人的注意力有限，每閱讀一點資訊就會消耗一點注意力。身爲履歷審核者，能夠在每份履歷上所花的時間不多，很多時候只有三十秒到一分鐘。**面對有限的「注意力存量」，寫履歷的我們應該思考的是：如何妥善運用主考官有限的注意力，優**

化這短短三十秒的閱讀體驗。

這段過程很像參加電視節目舉辦的歌唱比賽：參賽者要在有限的時間之內展現出最佳的才能，而不是指望評審有一整天的時間來推敲琢磨我們的好。

那麼，要怎麼優化這短短的履歷閱讀體驗呢？幾個大方向如下：

版面：

在最精華的地段，呈現最精華的資訊

一份履歷的中上半部分，通常是閱讀者眼光最自然落下的地方。如果能在這部分呈現最精華、最高關聯性的經歷，對讀者來說，這份履歷讀起來就會非常輕鬆愉快，因爲想看的訊息一攤開就看到了。相反的，如果我們的關鍵訊息都散落在頁面上的各個角落，或埋在履歷的下半部，這份履歷讀起來自然吃力許多。

用字：

利用產業關鍵字，提升配對感

前面提到，關聯性是打中履歷魔王痛點的關鍵。徵才者在審核履歷時，內心有

一把無形的尺，衡量著這份履歷和自己要求的人才有多大的「配對程度」。如何在最短的時間呈現「配對感」？產業關鍵字是個有效的方法。

觀察一下：眼前想進軍的產業，他們喜歡的用字遣詞是什麼？之前對於職缺的研究，在這邊就可以派上用場。我常用的小心機是：盡量把自己的履歷寫得跟對方的職缺像一點。這個小撇步的意思不是叫應徵者把職缺全盤照抄、把個人經歷改寫得面目全非；而是用對方熟悉的語言（例如職缺上常出現的動詞、業界常用語等）訴說你的故事。

句型架構：
利用「做了什麼事＋造成了什麼結果」組合，傳達訊息更有力道

有力道的句型能讓讀者花少少的注意力就讀懂你的經歷。「做了什麼事＋造成了什麼結果」便是一個高效的敘事架構。這個架構可以自由延伸，變成「擔任什麼角色＋做了什麼事＋造成了什麼結果」或是「用什麼技能＋做了什麼事＋造成了什麼結果」。這種句型不拖泥帶水，訊息一目瞭然。比方說：「擔任財務研究社教學（角色），設計每週課程，包括投資案例講解、企業報表解讀和基礎會計概念等（做

了什麼事）」，社員社課參與率增加三十%（結果）」「利用Python和SQL（技能）整理使用者數據，將五十萬筆資料洞悉成營銷報告（做了什麼事），提出三點策略建議，被產品部門採納（結果）」。

簡化句子：

淺顯易懂的敘述方式，勝過燒腦的閱讀體驗

我們都曾以爲句子寫得越複雜深奧，看起來越厲害。可是履歷不是秀文筆的地方，內容過度複雜化，反而容易造成閱讀障礙。所以，如果可以用平鋪直敘、長度適中的句子寫出經歷，就不用刻意寫得拗口。

此外，使用專有名詞時也要注意：你的讀者有辦法讀懂這些專有名詞嗎？如果這些縮寫別人可能看不懂，那能否用簡單一點的方法換句話說呢？以我所在的商業分析行業爲例，應徵者毋須用太多專有名稱來增加權威感，直接寫「建立機器學習模型，預測使用者轉換率，讓行銷投資報酬率提升兩成」，就可以清楚展現你的價值（當然，根據產業需求的不同，有時充分列出專有名詞是必要的）。

段落：

有整體感地利用三到五個細項，交代經歷

每段經歷最好要有三到五個細項來敘述自己的職責。高手的履歷不僅會把細項寫得好，還會讓大段落富有整體感。怎麼營造整體感？一個小妙招是：利用第一個細項來簡介自己的職位內容和主要業績，然後用下面的幾點扣合著第一點所羅列的項目，依次敘述經歷。

舉幾個例子，如左頁所示。

最後一次斷捨離：

留下最核心的資訊，避免不相關的文字來分散注意力

初步寫完履歷以後，我們要回頭再檢查一遍：我放上的資訊，都是必要的嗎？人的注意力就像一個水缸，任何在履歷上的文字都會消耗讀者注意力。無關緊要的內容，只會稀釋掉對於核心內容的注意力存量。在你按出傳送鍵，交出履歷之前，我們應用最後一次用客觀的眼光去檢視：履歷上的資訊都是高關聯的嗎？還可不可以更精簡？列出的電腦技能、多年前修課內容、家裡住址、電話、email 和

帝丹大學蛋糕社
公關長

●擔任蛋糕社公關長，負責社員招募、粉專管理、企業募資等事宜，有效增加社員人數二十%，年度贊助金額成長一倍。

●社員招募：利用網路行銷招募新生，拍攝宣傳影片和系列圖文內容，發放於臉書和IG，兩週吸引了五百個讚，招生說明會報名數由五十人增加至兩百人。

●粉專管理：創建粉絲專業，利用社群媒體與社員互動；每週提供烘焙新知，解答社員問題，社員續留率從五成提升至九成。

●企業募資：開拓贊助店家版圖，帶領三人小組接觸二十家中小企業，傳達社團宗旨並闡述合作機會，獲得五萬元贊助。

烏野大學
排球社經理

●擔任排球社經理，負責比賽紀錄與得分統整、管理財務及日常營運，協助團隊贏得大專盃第二名佳績。

●比賽紀錄：準確記錄比賽狀況，將球員得分建檔並波版；每次紀錄被作為球員和教練擬定戰略的依據。

●財務管理：建立收支系統，並根據年度活動策劃財務支出，使社團現金流全年為正；管理社費繳交狀況，繳交比例從往年的六成提升至九成。

●日常營運：統籌球隊日常運作，包含場地租借、比賽報名、舉辦寒訓暑訓；成功籌劃友誼賽十場、合宿訓練兩場，以及全年五十場練習順利無中斷。

LinkedIn 網址，都是必要資訊嗎？去蕪存菁後的履歷，看起來肯定更乾淨有力道。

履歷的寫法百百種，這邊提出的幾個要訣不一定適合所有產業；但引人注目的履歷，一定掌握了「高關聯性」和「有效運用讀者注意力」這兩個要點。一份成功的履歷，給人的閱讀體驗是好的、訊息是有用的、符合讀者期待的。只要有這幾種特質，讀者自然會感受到履歷的力量。

學姊真心話——

經過「布局」的履歷，給人說不出的好感

要寫出出色、有整體感的履歷，絕對不是從第一個字寫到最後一個字，從第一個經歷洋洋灑灑寫到最後一個經歷就可以的。要呈現出整體感，我們要懂得「布局」。

利用宏觀的視角，理解產業需要，並在下筆時寫出對方想看的關鍵字，是

布局：在動筆前規畫好怎麼運用主考官的注意力，進而寫出讓人讀起來莫名舒服的履歷，是布局。一個有經過布局的履歷，力道充足，搔到癢處，閱讀起來，給人有種說不出來的好感。

當讀者閱讀後心情大好，你的履歷自然會被放進「過關」的那一區。

那麼，我們應該花多少時間在布局上呢？一點資料供你參考：當面對的是完全未知的產業，我可以花到二十到三十個小時的時間來探索（每天下班花一、兩個小時研究，慢慢沉澱幾週）；而如果是熟悉的領域，最快一週就可以寫出來。

那寫出第一份履歷要花多久的時間呢？好幾個禮拜小火慢燉、修修改改，是非常正常的。

我們也要記得：蒐集反饋，可以讓寫履歷事半功倍。

千萬不要獨自在象牙塔裡埋首研究，而不把成品拿出來尋求建議；當你寫出了第一版本履歷，不妨拿給老師同學過目，詢問讀者的感覺。如果有業界的學長姊願意給予建議，那再好不過。好的履歷，絕對不是一筆到位，而是經過反覆修改、迭代優化而成。

布局和修改雖然花時間，但這時間絕對花得值得。我一直深信文字的力量：注入心血的文字，讀起來特別觸動人心。一份用心的履歷，就像金子在砂礫裡，發出光亮。

職涯探險魔王2號：面試

面試的主導者，不是面試官，而是你。
猶如一場互動式演出，利用架構布局、故事力和氣場管理，你不僅可以表現得淋漓盡致，甚至能「挖坑給面試官跳」，縱橫全場。

談完寫履歷，我們來說說大魔王二號：面試。

當你進到面試這關，恭喜你：你已經打敗前一個難纏的怪，並且在眾多應徵者中脫穎而出，引起公司對你的興趣。你值得給自己一個肯定！

慶祝完後，讓我們接下來聊聊：面試魔王到底該怎麼打。

到底該怎麼準備面試？當下又該如何表現？我曾以爲，面試就是現場看對方問什麼，自己再答什麼，以謎之自信見招拆招即可；到後來，我發現用這種辦法，說出來的話缺乏重點，最後當然與offer無緣。之後，我又嘗試了另一種相反策略：把所有對方可能會問的問題都想過一遍，寫出萬字的面試稿，再一個字、一個字地背。可是這方法也行不通，因爲每場面試要像這樣準備起來，工程實在太浩大，也非常沒有延展性。而且實作起來，使我說話像在背稿，言語無味。

不過，屢戰屢敗、屢敗屢戰之後，我逐漸摸索到某些規律：我發現，**面試成敗好像不取決於講稿背得好不好，而在於雙方是否對話愉快**；面試不是考試，對方不會刻意挖坑給你跳，而只是想聽你的看法；縝密的敘述方法，配上高潮迭起的故事，會讓面試官聽完你的經驗後大呼過癮，忍不住說「哇塞」！

多年的面試經驗，讓我總結出一個概念：面試，其實是一場互動式演出。以下就來談談如何讓你的面試表現動人且淋漓盡致。

與面試官的交流，主體是一場對話

在面試前，我們要懷抱這個基本認知：面試的主體不是一場獨角戲，而是一場對話。

這道理看似簡單，但執行起來卻不容易。因爲在高壓的環境下，我們面對一個手拿履歷、眼光銳利的陌生人，看著自己的經歷拋出一個個問題，自然會緊張到近乎當機。這時還能背出事先準備好的答案就已經很棒了，更何況談笑自如？

但是，在我們拴緊發條應戰之前，先換個角度想：對於面試官來說，面試的目的是什麼？

面試官的目標是了解眼前這些優秀人才，並從中挑選出可能的合作夥伴。面試官不應以考倒面試者爲目的，而是以挑選團隊未來成員爲目標。如何挑選？當然是透過了解面試者的相關經驗、曾經解決什麼難題、創造什麼價值，並從對話過程當中，感受一下與這個人交流的氛圍，以此作評估。

既然如此，面試時就要收起演獨角戲、背演講稿的衝動，在腦海中提醒自己：**眼前與面試官的交流，主體是一場對話，一場以你爲主角的深度訪談。**

那麼在制式化的情境下，要如何營造出對話感呢？

首先，要先塑造出對的面試結構。

利用「主體＋分支」結構，給彼此出球的機會

要開啓對話，必須靠你給面試官問問題的機會。

一場成功的面試，就像一系列順暢的拋接球：你丟過來，我打得到，我打過去，你接得好。如此這般一來一往，雙方都打得酣暢淋漓，意猶未盡。

要達到這樣的效果，就不應該長篇大論，反而該把想說的內容切成可消化的小塊。切成小塊後，有了空隙，面試官就有了問問題的機會。面試官拋出一個問題，你給出令人滿意的答案；面試官再根據你所說的故事，詢問相關細節，你再次給出漂亮的回答；他繼續拋出下一個疑問，你再順暢回擊……這樣一來一往，就是一場精采的互動。

那麼，「把內容切成小塊」該怎麼切？

我們可以利用「主體＋分支」結構來歸納：

主體是什麼？

主體是故事的概要。例如幫社團拉贊助時的來龍去脈、擔任實習生時幫老闆整理檔案的前因後果等。敘述主體時，我們可以簡單介紹故事背景、自己扮演的角色、

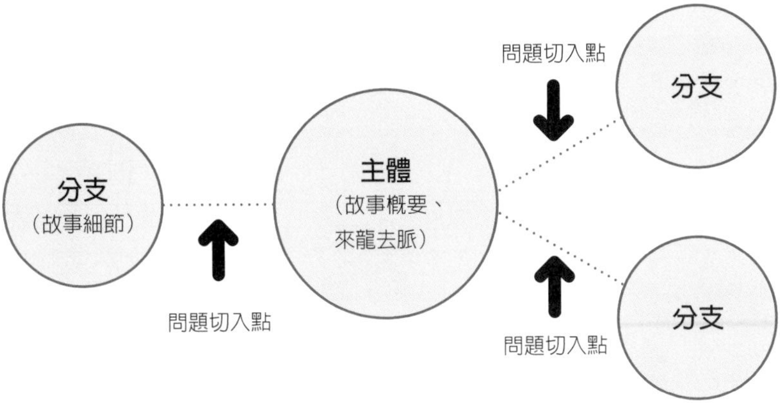

完成的工作，以及達到的結果。這跟履歷篇提到的「做了什麼事＋造成了什麼結果」架構大致相同，但是多了些血肉。敘述時要簡潔扼要，不拖泥帶水，把起承轉合勾勒出來即可。

那分支呢？

分支指的是我們經驗的細節內容。以整理資料夾的實習生爲例：具體用 Excel 整理檔名的方法、怎麼在團隊裡推行新資料夾結構的過程，都屬於「分支」的故事。**重點來了，主體跟分支中間的連結，就是面試官可以問問題的切入點。**

舉例來說，一個經驗主體可能是：「在×××公司擔任行銷數據負責人時，我主導了建立網頁數據平臺的專案。在我的專案以前，公司是沒有網頁數據的：我們對於使用者怎麼瀏覽網站、有沒有下單，都一無所知。我覺得這是公司一大弱項，決心要解決這個問題。爲此，我向主管提出了一套爲期九個月的數字轉型專案，提出建立網頁數據平臺的計畫。取得上級同意以後，我便招募人才，建立團隊，開始創建。我的團隊應用最新的 XYZ 和 ABC 技術來搭建數據庫，九個月後，我們成功建造一套網站數據系統。這個系統被各個團隊廣泛使用，發布的流量報告更成爲高層制定行銷策略的主要依據。」

這樣的主體敘述起來不用一分鐘，卻清楚勾勒出專案的背景、執行的方法及成效。至於解決問題的細節，便留在分支裡詳談。

怎麼進入到分支環節？通常面試官聽完主體故事之後，會拋出各種延伸問題：「你談到自己設計了一套數字轉型專案，能不能具體說明是怎麼設計的？專案內容是什麼？」「在執行過程中，有沒有遇過困難？怎麼解決？」「爲什麼要運用 XYZ 和 ABC 來建立系統？選用這兩個技術的思考邏輯是什麼？」這些問題的答案，就是我們預先準備好的「分支」故事。

用「主體＋分支」的邏輯布局面試，不但能使故事在一問一答間輕鬆呈現，更能讓整場面試富有架構感。一場有架構的面試，訊息傳遞得越完整，聽者吸收得越好。面試官腦中可以清楚勾勒出你的各項經歷和結果，以及經歷間的順序和發展緣

架構清晰的面試（＝清晰的人才圖像）

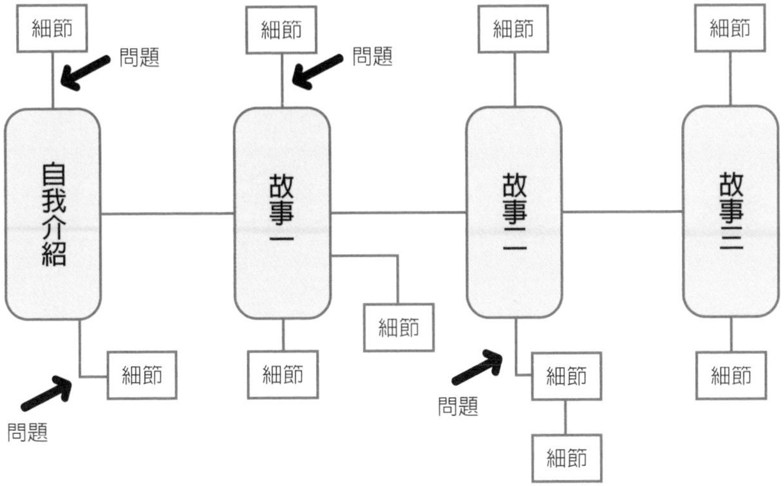

由。而當你在面試官心中形成清晰的人才圖像，比起訊息模糊的候選人，自然勝率大增。

「主體＋分支」還有一個優點，就是**讓自己握有面試的主導權**。

怎麼說呢？因爲主體跟分支，都是由我們自己設計的。一個主體故事要有幾個分支、每個分支指的是哪個故事，都由我們安排。那些不熟悉的細節，我們可以選擇不放進主體，不讓對方有提問的機會；而那些想要凸顯的經歷，則可以設計出各個分支，在主體裡埋下伏筆，讓面試官有切入點。

缺乏架構的面試（＝模糊的個人印象）

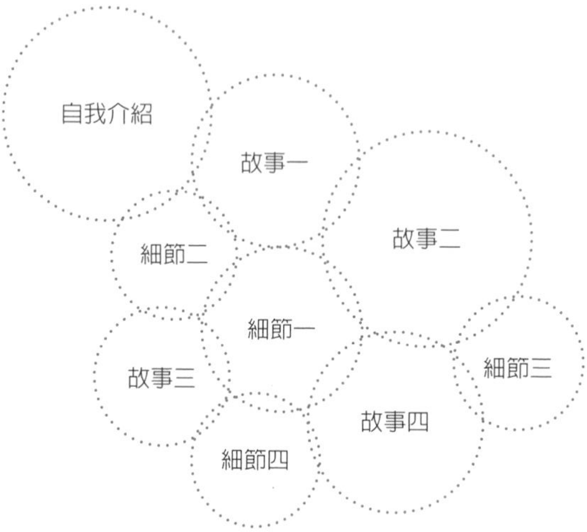

利用「主體＋分支」，不僅可以避免挖坑給自己跳，我們甚至可以挖坑給面試官跳！

埋下伏筆，讓面試官問出你想被問的問題

高手是怎麼挖坑給面試官跳的？我曾看過這樣的小技巧：在回答完一題的最後，面試者多說一兩句其他相關經驗，種下一個伏筆，引誘面試官問相關問題。

以上述經驗爲例，如果面試者特別想被問到關於「領導力」的經驗，但是面試官只問了關於專案設

計的細節，我們可以在說完專案設計過程後，多說一點：「……於是我就這樣擬定出了短、中、長期目標，設計專案。**設計出專案後，我面對了更高層次的挑戰：打造團隊、發揮領導力，讓團隊確切執行等。這段過程讓我得到極大的成長。**」多說了這麼一句，就可以激起面試官的好奇心：「這樣啊，你覺得帶領團隊最大的成長在哪裡呢？」你便可以順勢說出自己預備好的領導力故事。

這個預留伏筆的技巧可以適度嘗試，但也不用過度執著。一場面試，到頭來面試官還是出題者，如果被問到超出預期的問題，也純屬正常。不過，對於面試有所布局，才可以明確畫出競技場的界線，讓對方在自己準備好的戰場上出招。

必備主體：自我介紹＋萬用故事

接著具體分析，面試的主體應該要有哪些元素呢？

雖然面試內容會根據產業和個人經歷而有所不同，不過我們基本上至少要準備好兩組內容：「自我介紹」以及「萬用故事」。

自我介紹：我是誰，我為什麼會來到這裡

自我介紹人人都會說，但大多數的自我介紹聽起來千篇一律，僅僅是履歷的翻版。

不過，有少數人的自我介紹聽起來特別讓人動容。不僅過往經歷特別鮮明，且每個經驗都像是爲了替此時此刻應徵的職位做鋪墊。彷彿一路走來，就是爲了遇見這個職缺。如此好的第一印象讓面試成功了一半。

這樣的自我介紹，是怎麼寫出來的？

很簡單，高手的自我介紹會清晰地呈現兩個元素：**我是誰，我爲什麼會來到這裡**。

「我是誰」指的不是履歷上所有資訊的總和，而是你的個人定位。所以在擬定自我介紹時，我們要先想想：我是個什麼樣的人才？我的品牌是什麼？

先用個人定位作爲基底，再添上履歷內容輔佐。這樣的自我介紹，比起平鋪直敘經歷更有力道。

如何搞清楚我們的個人定位呢？我喜歡用這個方法：拿出便利貼，把自己所有的能力、創造的價值都寫出來。個性上的、技術上的、軟實力、硬實力等各種優點，

統統都寫在便利貼上。然後找一面牆，把便利貼全貼起來，所有優勢映入眼簾，我便在腦內開始組裝自己可能的個人品牌：

有數據腦的行銷人：我會用數據思維解決商業問題，尤其是用數據來促進行銷決策；

能跨領域的領導者：同時擁有金融跟行銷背景的我，能夠扮演數據團隊跟其他團隊（產品、行銷、財務）的橋梁，將數據多角化應用；

長期策略的執行者：我知道如何規畫長期專案，並統籌資源，確切執行；

心思細膩的分析師：我擁有對細節的超高敏銳度，對於數據清理跟品質把關很有一套；

渲染力強的寫作者：熱愛寫作，善於在部落格上用文字傳達情感，感動他人；

……

這個清單可以很長，請自由發揮，腦洞大開地盡情寫下自己所有可能的定位。

你可以是「從工程師轉行的產品經理，工程經驗讓我特別能夠帶領技術專案」「經驗豐富的活動咖，能夠身兼數職，統籌不同營隊」「善於文字魔法的小編，大筆一揮讓按讚暴增」「團隊中的黏著劑，擅長統合不同背景的人群，組織跨領域合作」……不要限制自己的想像，把所有自我價值都寫下來吧。

對於個人定位有了初步理解之後，我們就可以來看看：這些品牌，有哪些跟應徵的職缺有關聯？

如果應徵的公司缺的是能跨團隊合作的數據主管，我會用「跨領域的領導者」當我的個人定位；如果職缺上表明需要一個會推動長期計畫的產品經理，我則會以「長期策略的執行者」作爲我的基調；如果應徵的是行銷增長崗位，我自然以「有數據腦的行銷人」作爲我的切入點；如果想要轉行做文案，則所有數據分析的品牌都不適用，重要的是我是個「渲染力強的寫作者」，熱愛寫部落格。

有了強而有力的「我是誰」，便可以結合履歷經驗，寫出有溫度的自我介紹：

我是 Fiona，目前在〇〇公司的數據行銷部門擔任網站負責人。我是個擁有跨領域經驗的資深數據分析師，善於結合數據分析和行銷策略來替公司創造增長。我在大學時主修行銷，學校的訓練替我打下行銷策略的基礎。而我也喜歡透過數字理解商業現象，因此畢業後去金融研究所深造，隨後到了經濟顧問公司專職做數據分析。顧問業的經歷訓練出了我一手處理海量數據的技巧，我便帶著這項技能來到了〇〇〇公司的行銷數據部，利用數據幫助行銷團隊做更好的決策。在兩年內，我替公司建立了第一套網站數據系統，我建立的數據庫成爲行銷策略的依據。

將數據做跨領域的應用，是我的專長。擁有數據分析、行銷和金融背景的我，特別善於用數字解決實際商業問題。我不一定是最會建模型的數據科學家，但我善於洞察商業現象，並用數據替決策者賦能，驅動公司成長。

這種層次的自我介紹，自我形象鮮明，強而有力。

再舉一個例子，假設一個在大學當了兩年球隊經理的同學，正在應徵活動策畫公司的實習生。他可以這麼說：

我是烏野大學大三〇〇系的學生，目前在系上擔任排球隊經理。透過擔任球經，我累積了豐富的活動策畫經驗，也對此非常有熱忱。過去兩年，我負責了每週練習、寒訓暑訓、參加比賽等大小活動；我更策畫了兩次爲期各一週的合宿訓練，並統籌了數十場的友誼賽。每一個活動我都全力以赴，將各項細節做到最好。這種認眞負責的態度，是我引以爲傲的地方。

舉例來說，在舉辦合宿訓練營的時候，我一手包辦訂交通、住宿、場地、食物、保險，以及與他校接洽等大小事宜，並確保各個環節不出一絲紕漏。參加正式比賽的時候，我規畫行程，也關注隊員狀況、適時準備補給品，以確保隊員上場時達到最佳狀態。在決賽時我們曾遇到球鞋遺失的突發狀況，爲此我也臨危不亂，擬定備案，球員順利上場。

我認爲，活動企劃最重要的，正是這種認眞負責、掌握細節並靈機應變的能力。擔任球經的我，雖然不是幕前的明星，卻是幕後使活動圓滿的推手。能夠扮演好這樣的角色，我覺得非常自豪。

自我介紹講到這裡，已經非常飽滿。不過要達到高潮，我們還可以趁勝追擊，**將個人品牌與申請動機作連結，也就是「我爲什麼會來到這裡」，爲這個答案畫下完美的句點。**

以上述爲例，在第一份自我介紹的最後，我可以添加：

……我申請××公司的這個職位，便是因爲這個數據團隊扮演著驅動增長的角色。與貴部門同仁聊天後我發現，貴公司所有的行銷及產品策略，都是來自於這小小的 team。因爲你們，××公司在過去兩年使用者增加了一倍。用數據幫助公司成長是我的熱忱，因此我非常想加入貴團隊，一起發揮數據的力量。

同樣的，那位申請活動策畫公司實習的同學，可以這樣結尾：

……我很享受替活動的各個層面盡心盡力的過程，這是我想要成爲貴部門實習生的原因。能夠在活動策畫公司工作是我的夢想，我希望能有系統地學習規畫活動的方法，了解各個型態的活動如何組織，並貢獻一己之力，辦出感動人心的活動。

當我們把自己的品牌與所應徵的職位明確連線，說出口的自我介紹會非常有整體感。所有過去的經驗，連結到今天坐在面試官前的你，這一切如同一個完美的圓，如此順理成章，毫無缺隙。

很多人把自我介紹當成可以輕易準備的環節，而把心思花在準備一些古怪刁鑽的問題上。我的理解正好相反：**自我介紹其實是最重要的面試答案，不僅可以呈現你的個人特色，更訂定了整場面試的基調**。好的自我介紹，就像是在歌唱比賽裡一開口就驚豔四座，周杰倫、庾澄慶同時按下紅色按鈕，之後的表現只會往上加分。

萬用故事

談完自我介紹，我們來看看面試的其他考題該怎麼準備。

一場面試通常會遇到兩種問題：「技術問題」（Technical Questions）以及「行爲問題」（Behavioral Questions）。

技術問題如同專業科目考試，不同產業的專業題目會有所不同。以數據分析行業爲例，我們會考基本數據處理的技能（例如：寫ＳＱＬ），搭配商業個案解題，讓面試者從實戰秀出分析能力。關於技術問題的準備，每個行業自有規範，我就不加以討論。

「行爲問題」指的是那些關於你過去經歷的問題。舉凡領導經驗、解決問題的能力、規畫專案的能力、處理衝突的能力都包含在行爲問題中。

行爲問題跟自我介紹一樣，都是必考題。不過，行爲問題成千上萬，問法千奇百怪，準備起來很容易陷入無底洞。

舉例來說，我能輕易想到的面試問題就有：你解決過最困難的問題是什麼？你最引以爲傲的領導經驗是什麼？你有沒有遇過與人合作上的衝突，怎麼解決？你怎麼處理緊急情況？你有沒有應對高壓環境的經驗？你是如何規畫長期目標，並確切執行？你如何規畫工作優先順序？你有沒有過失敗的經驗，從中得到什麼教訓？……

問題清單永無止境，如果靠著一個問題一個答案的方法慢慢準備，只怕永遠準備不完。

攻克的方法，是**準備三到五個富有內容的「萬用故事」，來應付所有的問題。**

舉例來說：假設你是蛋糕社的設備長，替社團設計了器材借用表，解決社團長期以來器材遺失的問題。這個經驗可以拿來回答關於「解決困難」的題目（「擔任設備長的我，發現社團一直有個很大的問題：缺乏器材管理機制，以至於每年都有社產遺失，必須靠加收社費來彌補。有鑑於此，我提出了解決方案……」）。

你也可以換句話說，拿來回答關於「領導力」的問題（「我認爲領導力很大的一部分，在於發現團體中的問題，並主動提供解決方法。上任設備股長的第一個月，我就發現社團有長期器材遺失的狀況……因此我設計了一套器材借用規則，在社內推廣，成功解決器材遺失問題。」）。

甚至你也可以帶出「解決與人衝突」的相關元素（「在實行新的借用政策時，我遇到一些困難。社內幹部經常忘記塡寫借用表，高年級學長姊來使用器材時，也無視新的借用規則……爲此，我召開了幹部會議，誠摯地再次溝通新制的重要，並量化出社團往年因器材遺失花費的成本，闡述借用表的必要性。透過明確的溝通，我們達成協議，全體幹部共同推動器材借用制度。」）。

用這個邏輯，我們可以挑選幾個自己比較「多汁」的經歷來當萬用故事。

還是覺得自己過往的每個經歷都很單薄？我們可以用「個人價值解碼術」一章中提到的能力拆解法，把經歷裡的每個過程拆成不同環節，一一檢視。仔細思考自己在這些環節上分別應用了哪些能力，便可以找到經驗裡的特出之處。

拆解後你會發現，擔任設備股長的你不僅「解決問題」，更展現「領導力」，還能「解決衝突」；擔任實習生的你有「面對高壓環境的經驗」（每天早上七點前必須交出晨報給老闆），懂得「規畫工作優先順序」（自我安排實習時接到的不同任務），也有「處理緊急情況」的能力（跟客戶報告的那天影印機壞了，你及時跑腿到影印店輸出）。擔任初級分析師的你有「帶領團隊的經驗」（在某個數據專案中，你帶領幾個實習生完成報告），具有「與多部門合作的能力」（你幫忙行銷、業務和財務的同仁撈資料做分析），也曾「協助團隊解決困難」（一個專案的相關資料很難找到，你主動去跑國家圖書館，挖出歷史資料）。

老話一句：練習用不同的眼光審視自己，你可以在身上挖到寶藏。

利用縝密的架構和張力，把故事說好

知道了要準備哪些內容，接下來我們談談：故事要怎麼說。

同樣的內容，爲什麼有些人說起來呆板無趣，有些人則富有感染力？類似的經

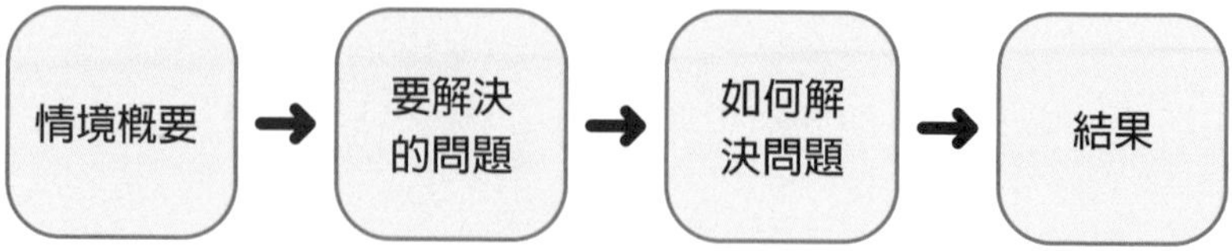

歷，爲什麼有些候選人對話起來雜亂無章，有些人則是條理清晰，精采到位？故事說得好的人，面試起來最吃香。

初步擬定了面試故事內容，我們的工作只完成了前半段；要確保面試馬到成功，還要把故事說得精采。

把故事說得好，有兩個要素：架構清晰，張力十足。有了清晰的架構，聽者才可以充分接收到我們傳達的訊息。就像一部電影聲光效果再好，如果沒有清晰的故事線，觀眾看了也是一頭霧水。

而有了清晰的故事線之後，要讓電影好看，我們還要有高潮迭起的情節，豐富的角色與情感，才能觸動人心。

如何讓面試也達到精采的效果？只要做到兩個步驟：

步驟一：套用有條理的敘事架構

面試的回答應該用什麼架構來說？我有一個愛用的範本：情境概要→要解決的問題→如何解決問題→結果。

這個架構與前面提到的履歷句法大致相同：先交代故事情境

（包含團隊背景、自己扮演的角色等），點出要解決的難題，然後訴說自己怎麼解決，最後達到什麼結果。

以蛋糕社幹部的故事爲例，情境是「身爲蛋糕社的設備股長」，要解決的問題是「器材遺失」，解決方法是「制定器材借用表」，結果是「全年沒有器材遺失」。

換另一個切入點，情境可以是「欲推行新的器材借用機制」，要解決的問題是「幹部不配合」，解決問題的方法是「召開幹部會議，溝通設備遺失的成本及重要性，以達成協議」，結果是「獲得幹部同意，全員協助推動新制」。

利用這個架構，任何故事都可以敘述得清晰有條理，使聽者能輕易抓到重點。

有了縝密的架構之後，我們便可以著手幫故事增添一些血肉和張力了。

步驟二：增添故事張力

有了清楚的架構，故事的完整性已有八成。此時我們還可以更上層樓，利用張力讓自己的事蹟聽起來更加精采。張力要怎麼營造？以下分享兩個我最愛用的小技巧：凸顯困難點、闡述重要性。

• 凸顯困難點

什麼叫做凸顯困難點？當我們在闡述自己要解決的問題時，不要輕描淡寫帶過，多花一兩句話的時間，刻意點出這個問題難在哪裡。

再一次以蛋糕社幹部爲例：在初次推行器材借用表時，這位同學遇上了幹部不配合的情況。我們可以輕描淡寫地說：「我遇上幹部不配合的情況，但經由我的溝通，事情後來順利解決。」

或者，我們可以說得更豐富些：「剛上任設備股長的我，推動器材借用表時遇到了滿多阻礙。比方說，其他幹部不覺得借用表有多重要，經常忘記塡寫；高年級學長姊如果未在期限內歸還器材，也習慣口頭要求通融，身爲低年級幹部的我因此備感壓力。」多了一點敘述，可以讓故事更鮮明，小人物的心境活靈活現。

以蒐集資料的實習生爲例，與其平鋪直敘「我負責的工作，是蒐集ＸＹＺ的資料」，我們不妨加入更多鋪墊：「這份專題最大的挑戰在於資料稀少；網路上關於ＸＹＺ的訊息殘缺不全，且漏洞百出，過去兩個實習生都因找不到對的資料而研究中斷。因此我決定換個方式，主動出擊，聯繫業界的各家公司來獲得一手資料。」

把遇上的困難點加以敘述，故事頓時引人入勝。

・闡述重要性

另一個增加張力的方法，在於闡述專案的重要性。如果蛋糕社幹部僅僅說自己「負責設計一套器材借用表」，那麼面試官並不會聽出這件事對社團的影響力；但如果我們說明「社團因爲缺少器材借用機制，經常會有器材遺失的情況，導致每年都需要花一筆不小的費用在添補設備上。長期下來，社團面臨很大的財務壓力」，面試官會知道我們設計的器材借用表，不僅僅是一張紙而已，而是財務問題的解藥。

在前面建立數據庫的例子裡，與其平鋪直敘說：「我替公司建立了網頁數據平臺。」我添加了「在建立這個系統之前，我們公司對於了解網站流量、下單狀況，完全一無所知。生成營銷策略，簡直難上加難」。這樣一說，面試官肅然起敬，更能感受到你執行專案時背後龐大的使命。

最後的祕密武器：氣場

在布局好面試架構、擬定故事內容和敘述方法之後，我們還要在最後加上一個祕密武器：氣場。

什麼？氣場？這本書怎麼越寫越玄了？

請容我解釋：爲什麼說話的內容差不多，有些人的話聽起來就是力道十足，有些人則是軟弱無力？年紀明明差不多，爲什麼有人面試起來從容大器，成熟穩重，有些人則是緊張兮兮，感覺不能承擔大局？

這種無法解釋的氛圍，就是氣場。而氣場是可以被營造的。

營造面試氣場，靠的不是要求語調要如何抑揚頓挫，手勢如何擺放；也不是靠自我膨脹，給自己精神喊話過了頭。**對的氣場，就是營造出「我是你未來同事」的氛圍**。

很多同學夠優秀，面試答案也夠好，但總是沒有拿到 offer，很有可能是因爲氣場不對。我在求職初期常犯的錯誤，是把面試當考試，緊張兮兮地坐在面試官前，彷彿要被嚴刑拷打一般等對方問問題。我此時散發出的氣場在無形中傳遞出一種訊息：我還是個學生，還不懂得面對工作環境的壓力。

相反的，如果面試時從容大度，不卑不亢，自信而不自滿，則可以給人成熟穩健的感覺，能擔當重任，隨時可以出發。

我們不要忘記：面試官的目標不在於考倒你，而是找到未來的夥伴。因此，我們要以「我是你未來的夥伴」的平等態度面試，展現出自信大方的樣子。這樣可以讓我們在面試官的潛意識裡，超越其他競爭者，變成未來同事般的存在。

如何營造對的氣場？其實很簡單，靠的是心態。

如果以被考試的心態進入面試，那面對主考官就像面對口試委員，我們會不自覺呈現出緊張的學生樣；如果過度自滿，姿態過高，也會給人難以合作的印象。還有常見以「看你問什麼，我就回答什麼吧」的消極姿態面試，這樣呈現出的氣場也會平靜無波，如同你在面試官心中的份量，船過水無痕。

相反的，如果我們抱持著積極正向的心，把接下來的面試當作與未來的夥伴相見歡，整場面試便可以輕鬆自然。遇到準備過的問題，自信又充滿熱忱地回答；面對刁鑽的問題，保持清晰的頭腦，誠懇且認眞地回覆。自然而然，我們會呈現恰到好處的自信，成熟穩重的氣場，在面試官心裡留下美好的印象。

學姊真心話——

經過打磨試煉，最終鑄造出「我」這件精心打造的藝術品

面試準備到爐火純青的境界，就會變成一種藝術。

從一開始的架構布局，到後來的字斟句酌，甚至最後的氣場管理，準備面試就像是製作一件偉大的藝術品。在燒製過程中，可能會碎裂；在上色過程中，可能會失手。可是一次又一次的試煉，會讓我們的技巧更加純熟，思維也越來越快，最後如入無人之境。

不過，即使有了萬全的準備，某些面試我們還是會支支吾吾；即使設計好縝密的內容，還是會被天外飛來一筆的問題打倒；即使內容、氣場全都完美呈現，也有可能遇上頻率不合的面試官，眼神冷冰冰的，就是無法被你感動。

從顧問業轉行到科技業時，我就遇過這樣的面試經驗：我準備萬全，打入最後一關，把身心與靈魂付諸在我說的每字每句上。在此之前，我已打了三個難纏的關卡，進入最後一場面試時，我的講稿已倒背如流，氣場心態也調整到

絕佳狀態。

這就是了，我心想。我就快要拿到工作 offer 了！

我進入會議室等待，面試官遲了十分鐘才來。他眼神銳利，我用全身心的力量呈現出自己最自信成熟的狀態，但基本經歷才說到一半，對方打斷我：「等等，妳有幾年工作經驗？」

「大約三年。」我說。「我先念了研究所，再出來工作。」

「我們團隊平均都有五年以上經驗，我自己則有十年經驗以後才加入公司的。」他冷冰冰地說：「有足夠的經驗很重要。」

給了這樣的反饋，他在問我幾個問題後，就提早結束面試。出了會議室，我心涼了一截，眼淚幾乎奪眶而出。

即使準備萬全，也還是會遇上過不了的關卡。不過我們做過的準備並沒有消失，我擦擦眼淚，用更堅毅的心，繼續敲各家公司的門。

過了兩個月，我收到兩家公司的錄取通知。

拿到工作 offer 的那一刻，不像是中樂透，反而是種水到渠成的感覺。好像花了歲歲年年，創造一件藝術品，經歷了黑暗時期，最後在成熟的時機點燒製完成。

經歷面試的過程像是一場蛻變；從支支吾吾介紹自己，到能清楚陳述個人品牌定位，這條路走來辛苦，但是回首過往，你會發現，最大的收穫不是工作，而是因此而認識了自我。

自己這件藝術品，終究會打磨成功，渾然天成。

職涯探險魔王3號：面試成功前的每一次失敗

這是我的面試故事，
這一年來如同雲霄飛車般的求職歷程，
從面試魔鬼訓練營，到緩步爬升、垂直下墜，再重新遇見希望，讓我至今難忘。

關於面試，我坐雲霄飛車的經驗，三天三夜也說不完。從第一次求職、從顧問業轉行科技業，後來到科技業追求更好的工作機會，每一次體驗都是一場蛻變。現在的我臉皮已經很厚，遊戲玩了許多遍，但每次面試，我還是會想到多年前想要進入職場的自己。

那個時候無所畏懼的努力，讓我變得更有勇氣。

模擬面試影片裡的我，缺點一覽無遺

那是我在美國念金融研究所的時候。我的學程只有一年，因此必須盡量在一年內找到工作，獲得工作簽證，不然學生簽證到期後不久，將會失去留美資格。我的班很小，只有三十幾人，有兩位輔導老師專職協助我們改履歷、練面試。在學期還沒開始時，輔導老師已經整理好厚厚一本「求職指南」，寄到我們信箱裡，告訴我們開學前就必須研讀完畢。

我在臺灣，一邊準備研究所的住宿，一邊興致勃勃地啃求職指南。人還沒到美國，我已經開始根據求職指南修改履歷，研究 Networking 的技巧，面對新生活，我感到興奮不已。學期快開始時，我飛到學校所在地，入住同學的客廳（爲了省錢，我沒有租小套房，而是睡在兩個女生宿舍的客廳裡）。捨不得花錢買床的我，買了便宜的床墊便睡在地上。我很巧地在附近垃圾堆看到一張廢棄書桌，狀態良好，只是少了抽屜，便把它撿回借宿處，開始我的新學期。

輔導老師給的第一份求職作業是面試準備。怎麼個準備法？老師給我們幾道模擬面試問題，要我們把自己回答的樣子錄成影片交過去。從來都只會寫面試稿、坐在書桌前猛背的我，一下子要面對攝影機，覺得備感壓力。即使百般不願意，我還是花了好幾天準備講稿和練習，錄成影片。

本以爲影片交過去以後，就只要等著老師給予講評即可。沒想到輔導老師的教學方式如魔鬼訓練營：老師把我叫進辦公室，讓我坐在電腦前，跟她一起看我的面試影片。影片還放大成全螢幕，我所有的缺點一覽無遺。老師一段一段地播放我的面試影片，一句一句地給建議，我只記得當時腦子嗡嗡作響，看著螢幕上自己的大臉，尷尬得只想把老師的電腦關機。

痛苦的訓練終於結束，我帶著滿滿的筆記和尷尬，走出辦公室。

走進紐約各大金融公司，接受震撼教育

錄影片只是開始。接下來幾個月，我們必須定期跟老師一對一模擬面試，繼續打磨面談技巧。美國正職招募時間很早，雖然六月才是畢業季，但面試在前一年的九月就陸續開跑。剛剛開始新學期的我們，教室位子還沒坐熱，英文也不輪轉，便要如火如荼地準備求職。

一邊上課，一邊寫履歷、練面試的同時，輔導老師還幫我們安排企業參訪。我大學時對企業參訪的印象只停留在大家聚在會議室裡吃便當，一邊恍神，一邊聽演講。可是研究所的企業參訪可不是如此。

學校替我們安排了為期一週的紐約金融公司參訪之旅，在這一週內，我們每天六點起床集合，早早吃完早餐後，便西裝筆挺地出門搭地鐵，去各個金融公司敲門。

讓我們參訪的銀行、基金公司都有校友任職，他們熱心接待，我們必須表現完美。企業接待我們時會有演講及QA問答時間，為了維持場面熱絡，老師要求每個同學在出發前，都要針對每家公司提交三個問題。如此一來，全班三十人便能匯集出幾百個問題，在QA時間提出。

準備問題集還不夠。每一場說明會，老師還會指派小組長。小組長的責任是「確保QA不冷場」：也就是說，如果不小心問題問完了，現場沒有同學舉手，小組長就要在第一時間把手舉起來，擠出問題。

讓我印象深刻的是一場知名商業銀行的參訪。接待人完全沒有準備公司簡介，把我們帶到會議室之後，直接一派輕鬆地說：「相信各位都對我們公司有所了解，那就直接進入QA時間吧！」眾人頓時慌了：演講時間是三個小時，我們怎麼可能有那麼多問題可以撐完全場？但面對輔導老師銳利的眼神，我們只能絞盡腦汁，全力以赴。整場說明會，三十個同學不停舉手發話，齊心協力，擠出源源不絕的問題。講者每回答完一題，現場總有更多隻手瞬間舉起。參訪會結束，小組長滿身冷汗地喘口氣，並對全班同學的積極相助感激不已。

除了不准冷場，企業參訪週還有各種嚴格規定：如果遲到、滑手機、打瞌睡，老師會立刻買機票，請違反規定的同學打包行李回家。

這樣嚴謹的求職訓練讓我大開眼界。原來，人外有人，天外有天。我原本以為自己已經夠努力準備了，見過世面才發現，原來自己只是池塘裡的小魚。

我就在這樣的嚴格訓練下，細細磨練我的求職技巧。我從同學身上學到如何問出好問題、從班上面試大神的身上揣摩他們怎麼表達自己。在紐約參訪週的晚上，我拿著履歷去敲同學的房門，請他們給我建議。

這樣日以繼夜地努力，我和同學終於陸續拿到面試通知。

我們在課後討論面試題型，結伴在會議室裡做面試模擬。我們互相分享面試晉級的喜悅，在失利時討論自己犯的錯。就這樣，我在這三十人精銳部隊裡成長茁壯。

履歷開始收到回音，開始能夠晉級面試這關的我，覺得自己越來越有希望。

從來沒有離目標這麼近過

就這樣到了求職季中期，我拿到一間頂尖管理顧問公司的面試。這間公司是我當年的夢想。

知道我謀職的領域是個極度競爭的行業，其實早在半年前，我人還在臺灣時就開始準備。我與朋友們練習面試、向業界前輩討教、買了面試課程和書籍；到了研究所時期，我更進入大考前的備戰狀態：早上七點起床與臺灣的朋友連線練習面試，八點半騎腳踏車去上課。上了一天的課之後，留在學校寫作業，準備考試；到了晚上九點，我回家洗澡休息，然後再把面試資料打開來看，一路研讀到兩點。

我豁出小命，用盡所有力氣準備，覺得自己就像一個一生都沒有被青睞的演員，終於有了電影女主角的試鏡機會。我拚上靈魂，爲了這個難能可貴的機會努力。

我幸運地打入面試第一關、第二關，最後接到了能參與最終面試的通知。

我還記得收到面試通知時，那感覺眞的如夢似幻。同班同學讚嘆：「哇！全班只有妳能進入最終面試，妳怎麼辦到的？」「身爲外國人還可以打入管理顧問公司的面試，眞的不簡單！」

我的心飄飄然的，也多了一絲希望和幻想。我開始想像自己西裝筆挺踏入公司大門、和優秀的同儕一起熬夜解題、自信地站在客戶面前報告想法；我像蓄勢待發的煙火，準備一飛沖天。

我更加廢寢忘食準備，以幻想作爲我的精神食糧。但想不到過度的執著，反而造成了反效果：在最終面試的前一天，我在圖書館嗑面試資料嗑到一半時，突然覺得噁心想吐。我本想去廁所吐完再回到座位上，繼續準備，沒想到嘔吐卻止不住。驚覺事態不妙，我打給輔導老師，跟她說明我的無助。老師請我立刻前往辦公室，她開車送我去急診。

我就一路拿著塑膠袋吐到了辦公室，然後在急診室待了一晚。

可想而知，隔天的面試當然去不成了。

我的面試因此延後一週。我還傻傻地慶幸著自己的腸胃炎給了我多一點時間準備。

一週後，我坐火車來到了顧問公司位於洛杉磯的辦公室。我相信自己已經做好萬全準備，能夠一鳴驚人。踏入那挑高的辦公室大廳，一股電流從腳下竄起，我從來沒有離目標這麼近過。

顧問公司位在氣派的高樓層。我搭上電梯，與接待的同仁寒暄之後，便被帶到會議室開始進行一輪又一輪面試。

管理顧問公司的面試型態，是解決商業個案（Case Interview）。面試官給出一個假想的公司問題，附上一系列圖表，請面試者從中看出端倪，拼湊資訊，最後提出解決建議。面試者必須思路清晰，邏輯概念強，思考速度快，還要不怯場。能夠與面試官一同討論解題，才算是成功的面試。

然而那天的我，腦袋卻如同水泥。面對著一個個考題，我思路不順、邏輯不清，呆呆地望著圖表，說不出個所以然。可能是自己本身就沒有能耐，也可能是緊張到當機，我只能支支吾吾地吐出片段的字句。

我感覺自己的靈魂飄到了身體之外，看見自己在會議室裡急得像熱鍋上的螞蟻。面試官冷眼瞧著我，嘆了幾口氣，開始滑手機。我斷斷續續拋出幾個解題方向，但都不著邊際。辦公室外面的陽光燦爛，我好想變成一隻鳥飛出窗外，從此消失。

我的面試當然是悲劇收場。

出了辦公室，我坐在外面的星巴克大哭一場。但面試是自己搞砸的，怪不得別人，哭完以後，我坐火車回到校園，繼續申請工作。

陽光依舊明亮

說來也奇妙，有了這次失敗的經歷，接下來準備面試時，我反而有種莫名的坦蕩。我依舊廣投申請，盡心準備，但不會廢寢忘食到腸胃炎。我依舊會焦慮緊張，但心裡少了執著，腦袋反而比較不會死當了。

我又面試了一、兩個月，中間遇過更多突發狀況，但心態也越來越豁達。讓我印象深刻的一次失敗經驗，是面試一間醫療公司的財務部門時，面試官看了我履歷上的「興趣」一欄，寫著「熱愛唱歌，曾於系上導演一齣歌舞劇」。他非常好奇，請我當場高歌一曲。我厚著臉皮唱了一首艾莉西亞．凱斯的「If I Ain't Got You」，歌聲震天，最後面試沒上。我笑了笑心想，應該是我唱得太爛吧！

就這樣兜兜轉轉，最後我遇上一間喜歡的公司。這間公司做的不是管理顧問，而是經濟顧問，專門用數據和經濟理論分析訴訟相關的商業問題。公司同樣在洛杉磯，高樓層辦公室，我與面試主管聊天時，總有一種說不出的親切歡喜。

這場面試長達一整天，有些輪我答得好，有些輪則答得失敗，但我始終保持正向開朗。

結束一整天的面試，我走出辦公大樓，陽光依舊明亮。我的心很平靜。我已盡了力，能夠跟一群很棒的人有過一場美好的對話，我已心滿意足。

一週過後，我接到錄取通知。

工作多年的我，依舊常常想起研究所這一年的求職經歷。

從魔鬼訓練營，到緩步爬升、垂直下墜，再重新遇見希望……宇宙很神奇，經常要我們坐雲霄飛車。這趟雲霄飛車坐起來讓人膽戰心驚，但在幾乎垂直俯衝過後，會赫然發現自己還有上升的力氣；我們還在翺翔，而飛車過後，遇到自己更好的模樣。

願正在雲霄飛車上的你，能夠感受到自己的力氣，保持信心。下墜飛升過後，你會發現陽光依舊明亮。

學姊真心話——

用一顆開放的心，體驗面試的成長之旅

這趟面試雲霄飛車，是每個人職涯發展過程中，無論願不願意都必玩的遊樂設施。

從研究所那段時間的初次搭乘，到身爲求職老鳥的現在，這輛雲霄飛車我無可避免地搭了N次。

每次搭乘，我的心都不免緊張；我不知道何時會上升，何時會墜落，何時這場試煉才會結束。但玩久了之後，我漸漸產生不同的想法：既然注定要坐雲霄飛車，與其全程焦慮，不如試著放寬心，體驗這個成長的過程。

我們可以在每場面試前都抱持強烈的執著，告訴自己「如果這次沒上就完蛋了」；但我們也可以抱持著一顆純粹的好奇心，去認識未來可能的工作夥伴。

我們可以被表現不佳的面試擊垮，喪失自信；但也可以知道每場失敗的面試，都是爲了教我們新的東西。

我們可以在莫名被拒時憤而放棄，但也可以知道，車要開到終點，就是要經過這些宇宙都無法解釋的彎道和陡坡。

玩過面試遊戲多次的我，逐漸學會在搭上雲霄飛車之前，深呼一口氣。面對眼前未知的軌道，我告訴自己：要用一顆開放的心，體驗這個成長之旅。

願我們都能無所畏懼。

職涯探險魔王4號：選職

拿到offer該怎麼選？遇到職涯岔路該怎麼走？利用點線面體、資源策略和「帶走力工具箱」法則，做出更好的選擇，聰明開上職涯快車道。

聊完了職涯探索的過程，以及如何應付一路上的魔王，我們便可放心地過關斬將。但人生不是走直線，過程中還有一個我沒談到的痛點：當我們遇到岔路時，該怎麼辦？

選擇是人生課題，職涯道路上猶是。很多時候我們不知如何前進，不是不願意，而是拿不定主意。雖說職涯是探索的過程，但當眼前道路錯縱複雜，四面八方都是方向，我們還需要用更高的視角和戰略思維，來幫助自己決定方向。

這一章來談職涯探索中不同高度的戰略框架。

別只看自己，不忘看向大局：用「點線面體」來思考職涯

如果說策略分好幾種高度，那最宏觀的一種是利用「點線面體」看大局。什麼是點線面體？如果說個人是一個點，那公司便是是線，所在的行業是面，所在的經濟體則是體。

在探索職涯時，除了看到自己這個「點」，還要把眼光拉遠一點，去看線—面—體的局勢。如果只看自己，那我們的眼光會僅止於關注手上的工作、正在寫的履歷、下禮拜應該準備的面試；我們努力優化自己這個點，卻沒有延伸思考到自己所在的大環境。

如果把眼光放大一點，看到「線」，思考便可以更深一層：面對選擇時，會懂得觀察眼前這間公司團隊素質好不好、主管有無培養員工的能力、公司的成長速度爲何；再把眼光放到產業面，我們會獲得更多有趣的視角：眼前這個產業是在成

長中還是衰退期？過度飽和還是一片藍海？這個產業的供給需求、驅動力是從哪裡來？至於經濟體，那就更複雜了：各個經濟體的大小、穩定程度有何不同？不同地區的人口結構、文化特色塑造出的不同經濟體，差別在哪裡？

當然，這些問題都是大哉問，是無數企業家和學者終其一生都在尋求解答的問題。我們不用找到終極答案，只要知道一個概念：**優化自己固然重要，但把自己這個「點」，放在更有發展性的線—面—體上，可以讓自己看得更高、更遠。**

同樣是學習新技能，我們可以搭上特快車，學習發展最快、最有成長力的知識，或是鑽研落後二十年的技術。同樣是加入團隊，我們可以加入人才濟濟、欣欣向榮的小組，也可以進入資源枯竭、文化有毒的地方。同樣是選擇公司，我們可以選擇商業模式健全、富有潛力的公司，也可以進入僅僅是一個百足之蟲、死而不僵的環境。

站位對了，才可以事半功倍。如果對未來沒有想法，那就去一個自己能去的最佳位置。

不用盲目追逐風口，也不用因爲某個產業熱門，而去做自己討厭的事。但是面對時代的浪潮與現象，我們該深度思考：爲什麼某些產業蒸蒸日上？這些產業未來

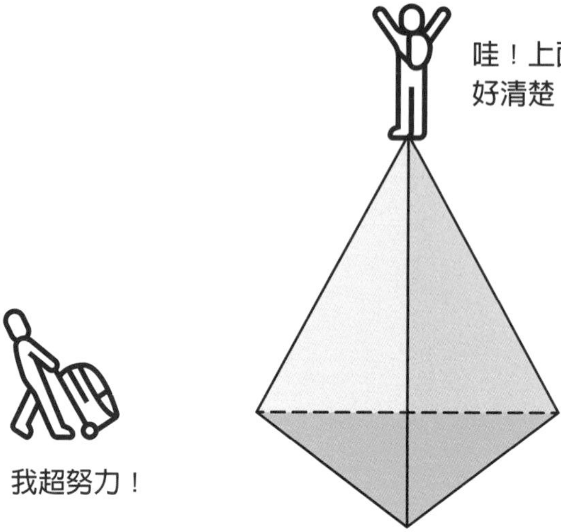

還有多大成長空間？這間公司的長期發展有搞頭嗎？爲什麼某某技能被稱爲新時代必備？多做宏觀的思考練習，可以避免落入井底之蛙的思維陷阱，眼界開闊以後，自然可以找到那輛職涯特快車。

我們不用追求登上火箭，但同樣是努力，我們可以孤獨的孜孜矻矻，也可以附著在金剛戰士上前進。

助你選職的中層策略：以資源做指南針

「點線面體」提供我們視野最高、最宏觀的視角。但在實務上，我們也需要一個便於操作的思考框架，幫助我們做選擇。

這個框架就是「以資源做指南針」。什麼意思?就是哪裡能給我比較多的資源,我就往哪裡去。

如果很幸運地拿到好幾個不同的工作 offer 給我選,我該挑哪個?我們可以列出幾個在意的資源面向,根據它們一一評估。以下是職場新人可以考慮的幾個資源類別:

硬實力:讓你到哪裡都能生存下去

硬實力的累積,對於職涯初期的我們無比重要。技術實力是別人搶都搶不走的一技之長。職涯初期若能把基本招術練好,內功培養起來,往後的職涯道路才可以走得有底氣。在成為世界第一的壽司師傅之前,先把壽司飯做好;在成為頂級銷售員之前,練習電話該怎麼打;在成為首席技術長(CTO)之前,先把程式寫好、寫整齊。有了底層的技術實力,就不怕環境的變動。

我常想:如果哪天在職場上跌了跤,需要捲土重來,我該怎麼辦?那沒關係,最起碼我還會整理資料、做簡報，到哪裡都可以生存下去。

面對眼前的機會，我們應該評估：這裡能不能培養我的技術實力？我加入的數據團隊，能讓我學寫SQL，有數據給我分析嗎？我加入的銷售團隊，有沒有經驗老道的主管可以教我與客戶溝通的技巧？眼前這個當小編的機會，能讓我學習到文案寫作技巧嗎？去這間公司當工程師，能讓我學到好的程式寫法嗎？

硬實力是創造價值的基礎，是在打高等級怪獸之前，不容忽視的第一把寶劍。

知識體系：

技術會不斷推陳出新，但一套有用的做事方法更歷久彌新

除了技術能力的培養，我們也可以學習知識體系。

知識體系說白了，就是一套「做事的方法」，包含：系統性解決問題的能力、制定策略的思維邏輯、分辨事情輕重緩急的方法、突發事件的處理順序等。

比方說，資深的總經理特助很會替大老闆安排行程，公司大小事也會依輕重緩急，分配給屬下處理。他管理行事曆的能力是技術，而他安排行程的邏輯、分配工作的方法，就是我們可以學習的知識體系。

一個主管很會用簡報來做策略匯報，做簡報是技術能力，而生成策略背後的思考、架構報告的方式，是我們要學的做事能力。有些時候，學習知識體系比累積技術實力還要重要：技術會不斷改變，但一套有用的做事方法則歷久彌新。

在我的職涯過程中，曾經學到許多有用的知識體系。例如：在顧問業我學到撰寫報告的思維方法（出了顧問業，我在寫任何文件時都還用得上）、在行銷部門我學到了何謂故事力（任何與人溝通的場合，包含面試時要如何表達自己，我都可以套用）、在數據部門學到了將複雜事物簡化溝通的能力（與上級的交流、在短時間要說服別人，都需要這個能力）。

而其中影響我最深遠的，是一個「從點 A 到點 C」的工作準則：顧問業的小主管曾教我：「身爲小部屬，我們只做好老闆交代的事是不夠的。老闆請你從點 A 走到點 B，但他的最終目標是走到點 C，你的工作不只是從 A 走到 B，而是一路把他帶到 C 去。」

這個概念對於當時還是職場菜鳥的我來說如當頭棒喝，從此以後，我做任何事情都把握這個「點 A 到點 C」的原則，提醒自己要懂得換位思考，解決老闆眞正想解決的問題。

所以做選擇時，我們要評估：這個機會能夠教我有用的思考模式嗎？我可以學到有系統的做事方法嗎？團隊裡提倡的是不斷發明新方法，讓工作更有效率，還是滿足於現狀，不願做思維上的提升呢？青春有限，選擇一個能擴大自己知識體系的地方，才不會枉費生命。

眼界：去大海看世界的斑斕，勝過在池塘雄霸一方

職涯過程中，培養見識也是不容忽視的功課。

有些公司只能讓你站在一個小山丘上，看再遠也只瞧見眼下這座小村莊；有些機會則一下子把你拉到了高山上，讓你登泰山而小天下。

加入一家業務量多、訂單規模大的公司，可以讓我們看到更複雜的訂單處理流程；加入一個有百萬數據的網路公司，比起只處理千筆資料，更可以體驗到資料處理的困難；去一個年年產出頂級銷售員的分公司受訓，比起待在沒有經驗的團隊，更可以看到強者成功的祕訣。

對於職涯新鮮人來說，越早見識到更成熟的商業模型、複雜的組織結構、創新

的開發技術，對我們越有幫助。去大海看世界的斑斕，比起在池塘裡雄霸一方，更可以讓我們成長。如果可以，去培養見識吧：去看大型的案子是怎麼做出來的、去看成功的公司是怎麼組織策略的、去看頂尖高手是怎麼做技術創新的。越早看到大局，對世界的脈動更有 sense。

提醒一點：眼界指的不一定是加入大型公司。一個積極成長、努力蒐集新知、培養員工的小企業，勝過內部資訊不透明的大型官僚體系。眼界也不受制於地理位置，網路發達，各個角落的頂尖人才都可以做出世界級的產品。

如果可以選擇，趁年輕有力氣，去高山上爬一爬，到大海裡游一遍，那些看過的風景會變成敏銳的直覺，你的眼界會變成日後的利器。

人才：

往人才匯聚的地方靠攏，讓身邊的人才轉變成你的人脈

「人」的資源，也不容忽視。

有句話說：「你是你身邊最親近的五個人的平均。」（You are the average of the five people you spend the most time with. – Jim Rohn）我們每天有三分之一的

時間都花在工作上，而這三分之一的人生，我們要與怎麼樣的人相處？

如果能夠有所選擇，那我們應該往人才匯聚的地方靠攏。正在考慮加入的團隊，是否有經驗老道、充滿智慧的主管？年齡相仿的同儕，是否也都身懷絕技，是我們切磋學習的對象？這間公司裡是處處皆寶山，還是一池充滿雜魚的池塘？

近朱者赤，近墨者黑，環境影響人的模樣；待在一個天天嗑瓜子、找漏洞抱怨上級的小組，久而久之自己也會變得懶惰且厭世；在一個積極正向，專注於解決問題、自我成長的團隊，過不了多久，你也會變成那個自己嚮往的模樣。

人才資源還有一個特點，就是長期下來人才會轉變成人脈。高品質的人才變成高品質的人脈，那些優秀的朋友在往後的職涯發展中，會變成你的助力。想換工作？昔日一起在辦公室熬夜趕報告的戰友，現在在大廠當經理，樂於幫你做內部推薦；想換跑道？當年那名幫你整理資料的實習生，現在在另一個產業做得風生水起，隨時可以打電話問他相關資訊；對長期規畫感到迷惘？過去一起工作的青澀學長，已經當上了總監，可以跟他喝杯咖啡，討教學習。

把自己放在人才濟濟的地方，不僅可以長成很棒的人，更可以得到優秀的人脈，是一生的寶藏。

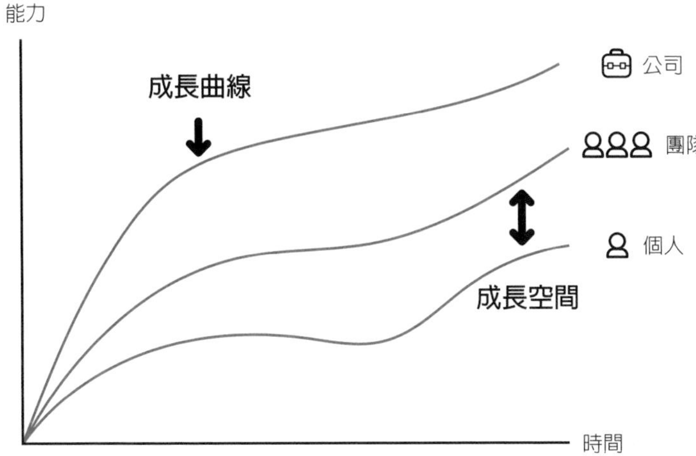

成長空間：「公司成長」大於「團體成長」大於「個人成長」

職涯初期的我們就像一株株小樹，努力在土壤裡茁壯。而隨著我們不停長大，所需的空間也會變大。能否給予成長空間，也是資源的一種。

讓我們來看一下圖上這三條成長曲線的關係：公司的成長能夠影響給予團隊發揮的空間，而團隊發揮的空間也會影響個人成長的上限。一間成長快速的公司，能夠給團隊更多發展機會；發展機會多了，團隊裡各個員工施展拳腳的空間也會變大。

所以，理想狀態是：「公司成長」大於「團體成長」大於「個人成長」，並且這三條成長曲線都隨著時間而拉高。當然，現實中，公司的成長不一定如圖中漂亮，但只要公司願意給予我們精進的空間，就可以繼續茁壯。

選職的時候，我們應該去能給自己成長空間的團隊和公司，確保自己能發揮潛能。也提醒大家，以下這兩種情況應該盡量避免：第一，公司整體的發展已經嚴重收縮，限制住員工的發展；第二，公司成長狀況尚可，但是沒有培養員工的意願。第一種情形比較罕見，商業模式出了問題、無可避免地被淘汰的公司才屬於這一類；第二個情形則時而可見：無視員工成長的需求，拒絕給予資源或更多挑戰的公司、讓員工「忙到無法成長的」公司、鼓勵陳腔濫調、壓抑創新思考的公司，都屬於這類。

所以，面對選擇，眼睛應該放亮：眼前這間公司對於能力越來越強的人才，能否賦予更大的責任與挑戰？面對成長速度快的員工，公司能否適應他的進步，給予更困難的專案？面對在既有領域已有成績，而想向外擴展能力圈的人才，公司願不願意給予支持和培訓？當然，公司不可能適應每個人的成長曲線，但我們可以評估公司看待員工的心態：是願意培養人才，還是把員工當作消耗品？

以上，是我在選擇職涯道路上最常思考的幾個資源面向。每個人都可以根據自己的需要制定資源評鑑表，不同時期的你，資源評鑑的項目和比重也會有所不同。

但無論如何，形成一套做決定的準則，職涯路上走起來才會更有方向感。

做職涯選擇的底層邏輯：打造「帶走力工具箱」

最後，我們來談談一個最貼近自己的底層策略：打造帶得走的工具箱。

這個策略有兩大元素：「帶得走」跟「工具箱」。

「帶得走」是什麼意思？**帶得走的能力指的是出了這間公司、這個團隊，都還可以在其他地方用上的能力**。

舉例來說：老闆請你學習操作一個系統。該系統是業界標準，如果跳槽到別的公司也會用到。那麼操作這個系統的能力，就是帶得走的能力。

反之，如果學習的系統老舊，正在被淘汰，而且除了這間公司以外使用的地方寥寥無幾，操作該系統的能力就屬於「帶不走」的能力。

有哪些能力是「帶走力」高的呢？蒐集資料的能力、整理重點的能力、溝通表達的能力、取得資源的能力、看出問題癥結的能力……像這樣不局限於特定環境，

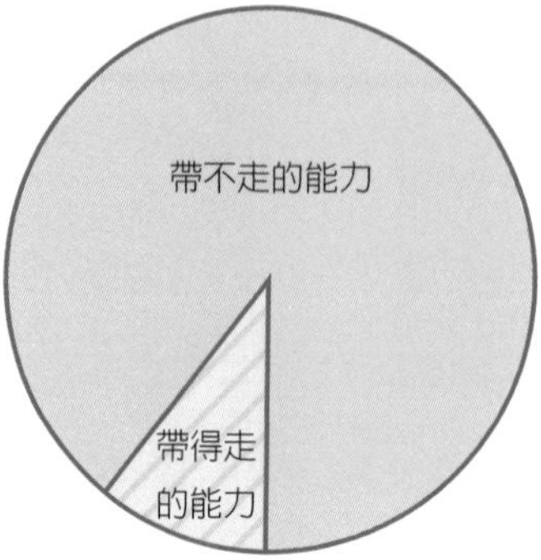

NG 狀態

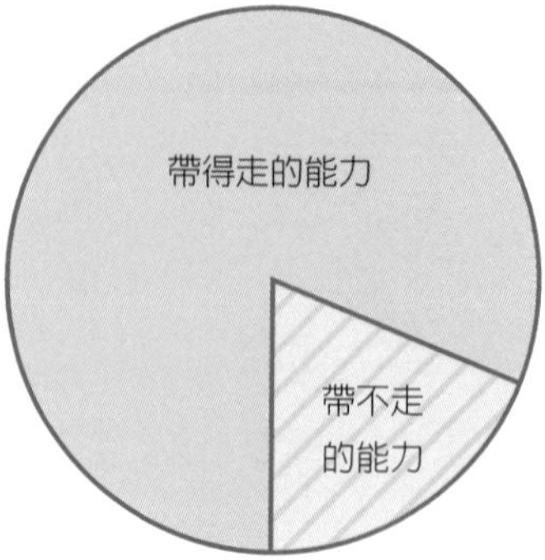

理想狀態

在各種場合都可以派上用場，轉移程度高的能力，都是帶得走的能力。

哪些能力帶不走呢？例如：某個主管的特定喜好、公司愛用的特定格式、僅限定於自己公司在用的軟體等，培養這些能力應該見好就收，不用過度追求。在職場上要做好手上的工作，我們必定得投資一定比例的時間在帶不走的能力上，但比例要拿捏得當。我們應把大部分時間投資在帶得走的能力上，而不是琢磨那些僵化卻又帶不走的技巧。

以我爲例，我就曾經沾沾自喜於培養某些帶不走的能力。我以前的公司做報告時喜歡用特定格式排版。我便把公司排版規定背得滾瓜爛熟，字體大小、顏色、行距、邊界設定，統統了然於心。這樣的努力固然讓我做出來的報告整齊美觀，但熟悉這些規定，出了辦公室大門以後便毫無用處。排版的能力固然有用（也是帶得走的），但執著於背熟特殊格式、花大把時間排版尚在變動中的初稿，並不是運用時間的好方法。我應該做的，是把注意力花在那些「帶走力高」的能力上：學習老闆報告的寫法，邏輯架構的規律，而不是背熟上司對邊界行距的喜好；理解主管爲什麼要畫某些圖表、爲什麼用這種方式呈現資料，而不是斟酌長條圖用哪種顏色最討人喜歡。花多一點時間在帶得走的能力上，我們的成長才能裝進自己的行囊。

第二個概念是建造「工具箱」。一個好的工具箱，必須要是「有用的組合」。**在有用的組合裡，工具可以各不相同，卻相輔相成，能夠達到超乎單一用途的效益。**螺絲起子、板手、羊角槌、捲尺、美工刀，這樣的組成就是個好用的工具箱，能夠靈活解決各種居家組裝的需求。而把鉛筆、衣架、鍋鏟、雕刻刀、沒電的滑鼠塞在一起，這樣的組合比較像是雜物櫃，而不是工具箱。

能力組成的搭建，也要秉持工具箱的概念。**在職涯過程中，我們應要有自覺地培養自己的能力系統**，無論是技術能力也好、知識體系也好，勤於思考：我正把工具箱建構成什麼模樣？我有沒有把時間精力花在對的地方？有這樣的認知，才可以幫助自己打造出系統化優勢。

如何設計自己的工具箱？有兩個方向供你參考：

一種是**縱向發展**，指在同一個領域，培養深度。以資料分析產業爲例，許多熱愛資料科學的人在熟悉資料處理與分析技能以後，便朝機器學習、統計、實驗設計等方面進修。

第二種是**橫向擴張**，在某個能力的周邊開始「擴建」相關技能。比方說，在資料分析能力旁邊，加上一點溝通力，讓自己把資料洞見傳達得更好；或是學習專案管理，練習主導長期大型的資料業務。

其實無論是縱向還是橫向，只要能看到組合背後的道理、可以應用的舞臺，不用擔心旁人怎麼想，我們可以放膽創造屬於自己的工具箱。

面對職涯選擇，「能否讓我們建立帶得走的工具箱」是我們做決定的指南針。我們應思考：加入這間公司，有多少比例的時間可以訓練我帶得走的能力？進入這個團隊，培養的技能是我工具箱裡需要的嗎？當然，這世界上沒有完美的選項；但是面對機會時，自私一點，看一眼自己的工具箱裡還缺什麼，才能優化選擇。

學姊真心話——

沒有選擇的選擇

這一篇談的是選擇。但關於選擇還有一個癥結點：沒有選擇的時候，怎麼辦？

大多數的我們花了吃奶的力氣，只拿到一個offer。而這份工作看起來資源普通，大家都只是一個蘿蔔一個坑地埋首做事；也不能給我「帶得走」的能力，任何事情都是根據公司內部規定制式執行，僵化無趣。這樣我是不是職涯發展無望了？

其實，有沒有資源、能不能培養能力，一部分靠外在環境，一部分靠心態。只要換個腦袋，你會發現，任何公司都有培養能力的契機。每每開始怨天尤人，覺得公司不符合我的期待，我就會用日本企業家稻盛和夫的故事砥礪自己。

年輕的稻盛和夫，花了好大一番力氣才找到一份在瓷瓶工廠的工作。沒想到進入公司不久，就發現公司不僅瀕臨破產，還內鬥頻繁，且經常發不出工資。同儕能跳槽的都跳槽了，最後只剩下他一人。身在絕境的他，突然心念一轉，想說既然毫無選擇，不如把精力投入手上的工作，全心全意做研究。他開始心無旁騖地做實驗，最後成功開發出一種新型陶瓷材料，成爲他日後創辦京瓷公司的基礎。透過轉念思考，稻盛和夫選擇把「沒有資源」變成一種成長空間。

當然，稻盛和夫是難得一見的人物，身爲普通人的我們未必有他傳奇般的能耐。可是我們能學習他的精神：當環境不如人意時，先不要放棄，探索一下創造機會的可能。

比方說：公司欠缺對新人系統性的訓練，導致你上工過程混亂，學習困難。面對這樣的情形，我們可以怨天尤人，或是換個方式思考：何不自己創造一份新人訓練指南？沒有既有機制，才有創造價值的空間。

又例如：公司系統老舊，你被迫學習一項正在被淘汰的技能。既然系統不好，那我們能不能主動引進新技術？進入一個使用舊系統的公司，反而給我們創新的機會。

至於「帶得走的能力」，我們也可以透過轉念思考，把帶不走的能力變成

「帶走力」。再次以學習舊系統爲例：假設公司依然不讓你引進新技術，堅持使用舊系統，這個使用舊系統的能力我們固然帶不走，但對於任何一個系統的「學習力」，我們還是帶得走的。又例如：我們加入了一個新團隊，主管有很多特殊要求。舉凡郵件要怎麼寫、報告要怎麼做、早上幾點打卡都吹毛求疵。這個主管的喜好本身自然帶不走，但是面對新環境能夠快速適應上級規定、融入團隊規範，這樣的「適應力」絕對是帶得走的技能。

心態決定命運。那些職涯發展得好、經常收穫滿滿的人，都有這樣的共同點：樂於用一顆開放靈活的心，在絕處生出機會來。

PART 3

高階篇

給沒有夢想的資深探險家——

到了這個年紀，沒有夢想還不是活得好好的？

邁步走上職涯階梯：從菜鳥到統帥的能力組合技完全解密

職涯這條萬里長路到底長什麼樣子？
這一章將完整解構職涯發展階梯，
分析從菜鳥到統帥的各個層級和必要能力組合！

當拿到工作 offer，並做出選擇，接下來就正式進入職場，走上一條更精采的職涯之路了。

各位沒有夢想的探險家，走到這裡，真的辛苦了！此時你雙腿已經強健有力，直覺敏銳，面對困境也累積一套自己的解題辦法，比起剛啓程時更加成熟穩健。

接下來的職涯歷險如何才能走得更快、更好？在談小撇步之前，先讓我們看看：一個人的職涯進程，到底長什麼樣子。

工作的五種層次：學習、執行、整合、創造、策略

評估一個人的職涯發展到哪裡，從職稱或是薪水來評斷，只能算最表層的標的。眞正看出一個人的層次，要看他展現出的工作力。在不同工作階段所展現出的不同能力，大致上可以歸納出以下五種：

第一層次：學習。吸收知識與技能的過程。學習不僅限於技術，還有思維方式、價值體系等，不只是知道該怎麼做事，還要知道事物背後運作的道理。

第二層次：執行。協助產出價值的過程，即動手做的能力。執行的重點在於把事情做「好」，在合理的時間內產出符合標準的成果。好的執行者會有長期穩定的產出，並發揮影響力。

第三層次：整合。包含整合資源和整合知識。整合的價值在於放大效果，能夠一加一大於二，一個打十個。如果效果沒有被放大，這只能稱作資源的相加，不能稱作整合。

第四層次：創造。創造出新的、有價值的東西。可以是產品、系統、知識等。

創造有時得靠靈感，但大多時候是由實驗改良而來。評估創造是否有價值，靠的是時間。越有價值的事物越能長存。

第五層次：策略。即戰略布局，包含訂定方向、資源分配和風險管理。策略是指南針，告訴我們要解決什麼問題、什麼事情該做或是不該做。策略也告訴我們如何分配人力、金錢、時間資源，以達到最大效益。前面幾種能力是出征，而策略則是思考怎麼下棋。

這些能力看似層層遞進，但使用起來並不互斥，也不用等練完一關才能學下一個技能。職涯的各個階段，都會用到這幾種能力的組合，只是比例不一。以下，我們就來看看在職涯發展的各個階段，不同能力的運用長什麼樣子。

菜鳥別怕犯錯，最重要的任務是積極學習——能力組合：60%學習、40%執行

剛進職場的菜鳥階段，最重要的任務是學習。要把自己當成海綿，多看多聽。不用急著大幹一場，在展翅高飛之前，搞懂事物的運作邏輯。

菜鳥該如何學習？以下有幾個要點：

T 型學習

熟悉手上的工作是「T」中間的向下扎根。除此之外，我們也要橫向學習，將認知擴展到公司及產業，培養「T」上面的那一橫。

菜鳥也有分等級，高手級的菜鳥不局限於學習手上的工作，還會花額外時間去了解公司基本運作狀況、商業模型、業務種類、團隊協作關係，甚至學習理解產業概況、競爭局面、未來趨勢等。當普通人孜孜矻矻地只在乎眼前的工作，他們會將觸角伸到部門外，建立起對公司和產業的全面認知。

我就有這樣的親身經歷：

初入公司的我，總是急著練成手上的技能，恨不得把所有時間都投入分析數據，其餘訊息統統懶得管。不過，我發現有些同事跟我很不一樣，總是細細閱讀公司文件和 email。不僅是與自己相關業務的訊息，連其他部門主管發出來的 update、CEO 的長篇大論，統統讀得津津有味。除了閱讀，他們還喜歡跟其他部門的人聊天：聊的不是自己業務的內容，而是問對方在做什麼。

個性急躁的我看不出這樣的學習有什麼用，但時間久了，我見識到其中的差異：願意花額外時間了解公司裡外狀況的人，在接到專案任務時，更知道自己在做什麼，成品也會緊扣公司的大目標；當團隊內部在討論下一季的OKR（目標與關鍵成果）時，他們提出的看法比我更有洞見，更容易被主管採納；當部門必須跟其他團隊合作時，對其他組織有所理解的人更懂得合作方的動機和痛點，共事更順暢。這樣的同事，工作深度與我差不多，但是廣度卻遠遠超前。對事物有全面的理解，投資報酬率遠勝於對少見的難題過度鑽研。

不怕犯錯

犯錯是學習特快車。主管耳提面命幾個月的東西，怎麼記都記不得；但在客戶面前丟一次臉，就永遠刻骨銘心。菜鳥應該勇於嘗試和犯錯；不用害怕犯錯影響個人績效，因爲公司本來就不期待新鮮人有什麼偉大的成績。有經驗的主管也都會預留給菜鳥犯錯的空間。所以，千萬不要讓偶像包袱拖慢了自己進步的速度。在職場多年，我發現宇宙有個規律：玩家要升等，就一定要踩過一定數目的坑。既然一定要在錯誤中學習，那不如早點把坑踩完。如果小心翼翼度過菜鳥期，成爲老鳥時才開始犯錯，成本只會更高。

善於提問

跟犯錯相同，提問也是菜鳥的紅利。「新鮮人」像是個金鐘罩，只要打著這名號，任何再基本的問題都可以被接受。

此時問問題的策略在於多問「爲什麼」。「爲什麼公司今年的目標是這些？」「爲什麼我們要訂這樣的競爭策略？」「爲什麼我們要使用這個系統而不是其他？」利用「爲什麼」去了解公司的底層邏輯，才能幫助我們建立起深度認知。

不要著重於問技術上的表層知識（技術的培養會隨者時間和經驗自然累積），應該要深度挖掘事物背後的運作模式。此外，你的「爲什麼」也可以幫助團隊思考，甚至點出盲點，公司因此而創新改革也說不定。

如上所述，菜鳥得花60％的力氣來「學習」，這點占了最大的比例。那剩下的精力，該運用在第二大重點「執行」。

對於菜鳥來說，「執行」就是「把小事做好」。做好小事爲什麼重要？這不僅能累積職業素養，更是培養個人聲譽的方法。身爲職場新鮮人的我們資歷尚淺，最大的資本就是你的名聲。一個被認爲「做事牢靠」「認眞負責」的新鮮人，更容易受到妥任，成爲他人合作延攬的對象。相反的，如果同事對我們的印象是「粗心大意」「虎頭蛇尾」，那麼遇到新鮮好玩的活兒也不輪到我們來做。**花心思把小事做好，是新人發展的快車道**。在還沒能耐做大事前，我們要懂得用小事替自己鋪路。

當然，如果行有餘力，我們也不要忘了「整合」與「創造」。新鮮人時期的整合，指的是把腦內新知融會貫通，能夠舉一反三，每學習一個知識點，都能靈活應用在不同問題上。新鮮人也可以創造，我們要積極思考：我可以給團隊提供什麼新的東西？我們可以創造小成品，例如：一份先前沒有的員工訓練手冊；也可以透過提供個新點子、問出好問題，來激發團隊創意。

老鳥擁有堅強的執行能力——能力組合：70%執行、30%整合＋創造

老鳥與菜鳥最大的差別，在於擁有堅強的執行能力。此時期的我們已經不是一

塊海綿，而是磚塊，能夠幫忙撐起大局。厲害的老鳥能夠獨立作業，不用一個口令、一個動作，便能將工作做好做滿。什麼叫把工作做「好」？以下是幾個執行的重點：

良好時間管理

時間管理有兩個層次：第一是不踩死線，在期限內交卷；第二是進度規畫得宜，能夠定期輸出。

不踩死線是工作的基本素養；而能夠將大工作切成可消化的小塊，逐一安排進度，定期產出和匯報，則是真正的時間管理。平庸的執行者只求在期限內生出作品，但優秀的執行者能夠階段性輸出，善用這個過程替自己蒐集反饋，測試市場反應，並適時調整方向。

高品質的產出

高品質的產出有兩個條件：第一，沒有錯誤。我從學校進入職場受到的最大震撼，就是認識到職場上對於錯誤的容忍度是零。許多產業對於成品的要求高到連標點符號格式都不馬虎；數字寫錯、資料缺漏等重大錯誤更是絕不允許。第二，品質穩定，符合預期。厲害的執行者可以把每個產出的品質控管在一定水準之上，變數小，不會大好大壞。穩定可靠的執行者是團隊的中流砥柱，也會成爲其他團隊指名合作的對象。

真正解決問題

執行工作的目的在於解決問題。沒有解決問題的操作，只能算低水平的勤奮。以數據分析爲例：按照主管指示去跑數據、畫圖表，把成果輸出，但沒有形成見解，這樣的報告只是一份圖表集錦，沒有達到分析的目的。但如果做到把數據整理成洞見，佐以圖表闡述結果，最後提出給公司的建議，這就叫做眞正的解決問題。

有效成果彙報

光是執行完手上任務還不夠，能夠分享成果，幫助他人，工作才算圓滿。執行的最後一個步驟，是將結果整理出來，以讓他人能夠吸收的方式發表。這個階段的重點是讓「他人能夠吸收」：當報告能讓別人看懂，並啓發思考，才可以推動改變。一份複雜深奧的報告能夠展現你的個人實力，但如果聽衆無法理解，那麼報告最終也無法發揮作用；反之，如果一場簡潔易懂的彙報充分傳達了你的想法，聽者因此受到啓發，刺激團隊改變，就是一場具有影響力的彙報。

以上是關於執行的幾個重點。能夠獨當一面，有效地執行工作，是老鳥能翺翔天際的第一步。不過，執行也不能占據我們的所有時間，要往上躍升，還要持續學習，並且開始投資心力在整合與創造上。

能否從老鳥升級成爲棟梁級別的領域專家、團隊領導者，看的是整合力。整合，指得是能夠將資源匯聚起來，創造出一加一大於二效果的能力。老鳥此時可以從小專案開始，練習做基本的資源匯聚，創造效益。比方說：跟小組裡的另一個夥伴結合彼此長才，解決一個多面向的複雜問題。當兩個人的協作創造出大於單打獨鬥的效果，就是很好的整合。

也不忘培養創造力。舉凡提出新的系統性做事方法、不同的實驗點子、設計出新的分析模板都是很好的創造。舉例來說：在數據團隊裡，初階分析師會套用現有模板做分析，而一個高階分析師，則能提出新的分析方法、拆解問題的模型，替團隊增加思考方向；菜鳥助理會根據老闆指示做好檔案整理，資深助理則可以想出新方法優化現有的歸檔流程。身爲老鳥可以從小處發揮，開始生產自己的發明。

很多老鳥卡在執行層次多年，始終無法跳脫小兵的角色，原因在於過度專注執行指令，而沒有讓大腦打開，做創造跟整合的練習。我們應該要勇於踏出執行的舒適圈，避免盲目的勤奮，訓練整合和創造的肌肉，才能有本質的躍升。

棟梁：能夠創造出放大的價值——能力組合：40%整合、40%創造、20%策略

一個公司的棟梁長什麼樣子？他們可能是某個領域的專家，人們遇到疑難雜症都找他；也可能是優秀的領導者，帶領出的部隊總是精銳無比，常打勝仗。

棟梁不限於職位，可以是受人尊崇的經理人，也可能是獨立作業的部門明星。這等級的人物都有一個特點：能夠創造出放大的價值。彷彿加了槓桿，有一個這樣的人才，可以一人抵十人。當升格爲棟梁，大部分的時間會花在整合與創造上。其中，整合分成兩種面向：

資源整合

資源整合指的是將不同的人才、資金、訊息、技術匯聚在一起，統一運用達成共同的目標，最後產出一加一大於二的效益。單單把資源拼湊起來，沒有放大效益，只能算是資源的相加，稱不上是整合。好的整合者，當資源彙聚起來時，能夠看出哪裡有重複性消耗，加以消除；還能看出哪裡可以碰撞出新的火花，加以放大。當不必要的成本被減少，綜效被激發，這樣有效率的部隊，五個人便可以發揮二十人的功效。

舉例來說：公司爲了推行數位化，解決方法是在各個團隊都安插數據分析師。每個產品組培養自己的分析師、財務組有分析師、行銷組有分析師、業務也有自己的分析團隊……長期下來公司養了一百個分析師，卻各自獨立運作。他們處理類似的問題，卻很難互相合作學習。

領導者見狀，心想：如果成立一個數據團隊，將所有分析師資源統籌起來，是否能發揮更大效益？不同分析師間可以相互學習、資源共享，不需要一百個分析師，或許二十人的精銳部隊就可以發揮同樣的功效。近年來，我在矽谷漸漸看到這樣的趨勢：原先四散公司各處的分析團隊被整合起來，有些公司甚至開出了CDO（「數位長」）的職位，將數據資源和人才做統一調度。這樣的資源整合正是能產生綜效的絕佳例子。

除了人才，把資訊整合起來也可以發揮強大的功效。我待過一間公司的行銷部門，就做過資訊整合。在公司早期，行銷的各種數據都是分散處理的：不同數位廣告的點擊狀況和轉換率、不同實體行銷活動的成果、網站的使用者行爲，都記錄在不同數據庫裡。我們團隊便思索：能否將所有的廣告點擊、線上線下活動，以及網站資訊都結合在一起呢？這些數據分開來運用，效果有限；但如果整合起來，便可以描繪出消費者圖像，知道哪些消費者在哪些通道看到了我們的廣告、參與了我們的活動、有沒有來網站下單，便可因此擬定更好的行銷策略，根據不同族群推出不同方案。這種資訊的整合發揮了龐大的效益。

知識整合

除了整合有形的資源，也可以整合無形的知識。棟梁級的人以下特性：不只精通一種專長，還對相關領域有所涉獵，融會貫通後形成一套自己的知識系統，能解決複雜的問題。

我就曾見過這樣的部門明星：一個銷售出身的主管不僅熟悉自己的老本行，還對數位行銷有所涉獵。行銷和銷售在公司原本是勢不兩立、相互競爭的兩個團隊，但這位主管提出一個創新的專案：利用數據將兩個團隊結合在一起。行銷提供數據給銷售，協助銷售產生不同的策略；而銷售也將銷售過程的數據分享給行銷，激發行銷思考不同的玩法。這位主管，整合了對兩大領域的理解，替公司想出新的增長策略，更消弭部門相爭內耗的問題。

再舉一個例子，假設你是公司網站的主任工程師。身爲工程師的你不僅把網站做出來，更在管理網站的過程中，因爲與設計部門合作，學習了使用者體驗設計的相關知識；你也替數據部門建立網頁數據資料，因此對於架構數據系統有所了解。你更與產品組密切合作，根據產品策略進行網站迭代改版。你由架設網站出發，涉獵了設計、數據、產品等不同領域的知識，將它們整合過後，形成一套自己對於網站設計與管理的深刻見解。這樣的你不再只是一個執行者，而是一個全方位的網站管理專家。面對「要怎麼替公司架設一個好的網站？」你能夠成一家之言，給出一套系統性的答案。

將不同領域整合貫通，產生一套堅固的知識體系和洞見，淬鍊精華，解決問題，這樣的你，是公司裡不可多得的專家。

除了整合，棟梁也著眼於創造，會頻頻問自己：我還能夠替公司創造出什麼價值？還能想到什麼新的點子？如果只是將執行與整合做到完美，卻沒有創造，那麼只能算是在既有系統內發揮而已。優秀的你，其實還可以更上一層樓，創造新的疆土。

創造有哪些方法？以下有兩種方向：

實驗迭代

創造可以靠靈光乍現，但是五色祥雲並不會每天出現。這時可以透過不斷實驗，在既有的產品上做迭代，讓一個版本比上一個版本更好，達到創新的效果。很多優秀產品都是靠實驗而來：大名鼎鼎的 Dyson 吸塵器，就是發明者詹姆士・戴森花了五年做了五千一百二十七個模型之後才推出的產品。而在臉書，實驗也是推動產品優化最重要的引擎。我所屬的產品組，每週都會舉辦「實驗回顧」會議，針對正在進行的實驗，觀察數據並提出想法；針對未來可以做的實驗，大夥兒一同腦力激盪。透過不斷實驗，讓臉書產品多年來得以不斷創新。

探索邊界

如果實驗是向下迭代的過程，那麼探索邊界就是向外擴張的創造方法。站在既有體系的邊界思考：還有沒有向外拓展的可能？我的部門能不能負責更多相連業務，解決更多問題？現有產品的周遭，能不能發展相關應用？既有的思維模式，能不能更上一層樓？

我曾任職的支付公司 Square 便一直在探索邊界。Square 當年以做信用卡讀卡機起家，透過不斷擴張，現在除了硬體，更推出一系列線上線下支付產品，並跨足發薪軟體、收據軟體、集點卡、email 行銷，甚至小額貸款等服務，讓客戶（商店業主）能夠透過 Square 處理一切做生意需要的業務。

除了創造產品，爲了解決問題而開發新的團隊、工作流程、解題思維，也都屬於擴展邊界的方式。舉例來說：在社群網站工作的你發現使用者常有帳號被盜的問題。你分析過後發現事態嚴重，便主動成立一個工作小組，利用兩個月的時間專門掃蕩駭客，並找到長期解決方案。在顧問業擔任小組長的你發現既有的分析方法無法解決日益複雜的客戶問題，於是你結合最新研究，發明出一套新版分析模型，這便是極有價值的發明。

拓展邊界時也要注意：在公司內部搶地盤不是拓展邊界，只是資源重新分配；也不用爲了創新而將既有系統複雜化。要記得：替公司創造價值才是最終目的。

關於創造，最後一點要說的是：**要評估創造的價值，時間是最好的尺**。越有價值的事物，存在的時間越長。一個能夠反覆使用、替公司帶來長期利潤的增長策略，比起只能短期衝高使用人次的妙招來得更有價值。建立有效的人才培育機制，比起短期的高薪挖角更可以改變人才結構。經典的文學作品存在百年，沒什麼營養的爆文只能存在一天。每個人都可以是創造者，但只有厲害的發明經得起時間考驗。

最後，我們不要忘了培養「策略力」。棟梁層級的我們，應開始練習定義問題，制定方向，資源分配和風險管理。策略不是ＣＥＯ的特權，每個人都要懂得問自己：我們在解決的是什麼問題？成功的把問題解決會是什麼樣子？現在距離成功還有多遠？需要哪些資源才能達成目標？展現出策略力才能朝更高層次邁進。

統帥：組織背後的大腦——能力組合：70%策略、30%整合+創造

職業發展的最高層次是統帥。統帥是組織背後的大腦，負責戰略布局，訂定方向，告訴團隊該往哪個方向前進；他們也精於資源分配，風險管理，知道棋怎麼走最有效率。策略操盤是統帥工作的最大部分，但是他們不局限於此：他們持續學習與創造，不僅在既有領域裡布局，更創建新的商業模型、知識體系、用戶市場。他們也不斷進行各種整合，將團隊內外的資源放大應用。

想要了解偉大的領導者，閱讀他們的傳記是個好方法。至於這本職場小書，我就來談談：我所見過公司裡統帥等級的人都在做些什麼。

定義問題

領導者最關鍵的能力在於明確定義問題。我們的組織到底要解決什麼問題？替誰解決問題？要在什麼時間內解決？問題若是成功解決，世界會變成什麼樣子？這個問題為什麼要由我們來解決？

這些大哉問，統帥必須清楚定義。因爲這些問題，是整個部門、甚至整間公司經營策略的基底。我曾上過一門由矽谷高階經理人授課的產品增長課程：在課程中，講者花最多的篇幅講解定義問題的重要。我原以爲，所謂「增長」課程，就是在教授一系列新穎的行銷手段、用創意的方法吸引使用者目光。但上了課後我才發現，原來在談執行手段以前，更要明確知道「我們的產品到底在替使用者解決什麼問題」「服務的對象是誰」「使用者爲什麼要使用我們家的產品」。先清楚自己的產品定位，才可以思考要用什麼策略吸引新客戶、傳達什麼訊息、透過什麼方法來讓使用者選用更多我們提供的服務。

制定方向

有了明確的問題之後，還要知道怎麼走才能達成目標。打勝仗的方法不只一種，我們該採用哪種路線？合縱連橫、遠交近攻、鄉村包圍城市、聯合壟斷、削價競爭、差異化……這時靠的是統帥做決策，帶領大家用一套方法向前邁進。

統帥厲害的地方在於善做「決策」，而不是做「決定」。這是我在一門領導力課程學到的道理：「決定」能一次解決單個問題，但「決策」能系統性地解決一系列問題。決定的影響是暫時的，而決策的影響是長期的。如何做出好的決策？統帥不僅要能看出單一事件的表象，還要看出事件背後運作的系統和原因。公司長年客服評價低落？小經理人看到的是客服人員服務態度不佳，加以懲戒了事；統帥則會去思考：是否客服人員薪資工時出了問題，員工薪水少、工時長，壓力過大？低薪高工時的原因，是否是因爲公司太以利潤導向，導致部門不停的節約成本，一個人當兩個用？利潤導向可以，但有沒有辦法在不犧牲員工福利的情況下，達到更多獲利？當統帥想清了系統邏輯，便可提出長遠的行進方針，部隊跟著啓動。

工作多年的我發現：**厲害的統帥，可以給人很強的方向感**。好的領導者能讓最基層的小兵也都方向明確，且知道自己爲何而戰。即使改變政策，也明確有理，並給予充足的反應時間。相反的，如果統帥無法制定清楚的方向，凡事模稜兩可，又頻繁改變軌道，這樣的團隊勢必陷入混亂。衆人心累都來不及了，更何況前進。

資源分配

合理的資源分配能事半功倍。厲害的領導者會思考如何調度人力、時間、金錢來達到最大效益，並且特別理解資源有限，必須懂得做標的取捨，把火力集中在對的地方。

我待過的科技大廠，每個季度最熱鬧忙碌的時候，就是訂定下一季的「路線圖」（Roadmap）。這個過程顧名思義，就是團隊制定季度策略、決定我們該做什麼不做什麼、手上的資源要怎麼分配的過程。點子很多，資源有限，我們該如何在各種資源之間權衡，將效益最大化？訂定路線圖時，各部門領導者齊聚一堂，協商彼此資源該如何調度；各家路線圖經由匯整後提交到更高層，再進行下一次討論。層層遞進後到達CEO，整個公司的人力、時間、設備、金錢都被安排妥當。

在做資源分配時要避免落入貪心的思維陷阱：覺得什麼事都重要、什麼都得做，以爲解法就是一個人當兩個人用。又要馬兒跑得快，又不給馬兒吃草，是不可能的。人不僅時間有限，創造力、意志力、專注力也有限。將人的資源榨乾出來的成果，品質一定打折扣。優秀的領導者不僅懂得分配設備與資金，更能做到人才管理，將才能用在對的地方。

風險管理

風險管理，是能夠看出事物的反面，並加以管理的能力。領導人不能只看最好的結果：「這個超大交易做成了，我們就可以拿下北美區所有的訂單！」這樣的思維固然令人雀躍，但如果沒做成呢？好的統帥腦子裡會做各種情況模擬與事態分析，把最好到最壞的局勢都看清楚。看清楚局勢之後，再進而找出機制，管理負面結果。舉例來說：超大訂單如果沒有拿下，最壞的結果是產品沒有通路，賣不出去，所有心血付諸水流；但如果把產品放到網路上賣，就是風險管理的好方法。厲害的領導者不會只是大喊 **all in**，而是在大家 **all in** 的同時還懂得避險。

一個統帥做不做得好，看他底下的小兵就知道。如果每個人都充滿方向感，並能安心把自己發揮到最好，那領導者必定有過人之處。相反的，如果團隊成員總是忙碌且困惑，那麼領導者應該先檢討自己。真正的統帥不只是發號施令而已，能夠讓團隊最弱小的人都清楚方向，擁有資源，發揮最大的潛力，才是領導者該做的事。

以上，就是職涯過程中大致的演化模樣。每個公司、產業的情況不同，我歸納的能力進程跟你的體驗可能也不一樣。但即使能力種類不同，有一個重點是不變的：**各種能力的發展，並不互斥。有的時候，甚至還相輔相成。**別讓所在的職位局限自己的想像：你可以是很有決策腦的菜鳥，也可以是充滿學習力的統帥。你的能力圖譜，可以隨著職涯進展聰明調配。

學姊真心話——

先成長，頭銜自然跟上你

最後，讓我們來談談頭銜。頭銜曾經是我心中過不去最大的坎。我總覺得，自己一定要掛上經理的名號，有好多小兵在我的麾下，名片上一定要有高級的職稱才夠響亮。這些「我執」，很大一部分是自尊心和比較心在作祟，但另一部分則是因爲我有個假設：「要先有頭銜，才有空間去做更大的事。」

我總覺得，要給我主管的頭銜，才可以去領導；要給我高級分析師的職位，才能當個專家。我眼巴巴地期待下一個頭銜、下一次升等機會。心想：升等以後，就可以躍升了！就可以學習新技能，創造更多的價值了！而當升遷機會沒有如預期到來，我便開始怨天尤人：我只不過是想要成長，爲什麼不給我機會？

多年下來，我發現這個「先升等才有成長機會」的假設，錯得離譜。順序應該相反才對：**先成長，在既有層級裡面做得淋漓盡致，並且開始跨界到下一個層次，頭銜才有可能跟著來。**

不是先給你機會才能創造價值；而是先創造價值，並且能夠長時間在下一個層級穩定表現，職稱才會有所改變。部長不是先拿到頭銜才開始學當部長，而是因爲他早已展現相應的領導格局；高級分析師不是升上去才開始變高級，而是他六個月前就開始突破執行者框框，展現整合力和創造力。**能不能被升級，看的不是你的潛力，而是你是否已經在更高的層級證明你自己。**

我曾經在現有層級裡傻等下一個機會到來，殊不知職涯發展上最可惜的莫過於自我局限：身爲菜鳥時不敢做超出菜鳥份內的事，當上老鳥時不懂得整合與創造，身爲棟梁卻不做策略思考……我們日復一日，只在現有的關卡裡重複吃金幣，卻不敢衝破那道破關的大門，直接進入下一關。

其實，**沒有人在你面前阻擋你。想當執行者、創造者、整合者、策略家，現在就可以。**

也許你會說：可是，萬一我努力過了，最後還是沒有升遷，豈不是一切都白費了？

其實不然；我們的所作所爲，都可以寫在履歷上呀！

一個職位掛很大，但只有基層操作經驗的應徵者，履歷自然會看出局限；但頭銜沒那麼閃亮，卻擁有豐富實作經驗的人，履歷自然可圈可點。徵才者要的是能一起打拚的夥伴，這樣的前提下，能力比頭銜實用多了。

當然，我們該讓自己的頭銜與能力並進，能夠越來越進入團隊核心，提升自己的格局；不過在職涯初期，你可以稍微放寬心，毋須斤斤計較稱謂，先專心培養能力。時間一長，孰高孰低，自然顯現。

希望我早十年就學到的職涯爬升7大法則

了解職涯階梯有幾階之後，接著來談談如何讓自己爬升得更好。從加入核心部門到自我注意力管理，這一章談的是學姊我希望能早十年學到的職涯爬升法則。

同樣是努力，爲什麼有些人就是走得比較快？同樣是打磨多元技巧，爲什麼有些人拳腳施展得比我開？撇開投胎和運氣不談，職場上有沒有什麼祕訣，能夠讓人突破低品質勤奮，打破僵局？

答案是肯定的。

這一章是學姊我用血淚寫成，在無數個吃土的夜晚仔細琢磨出的法則。

就讓我們來聊聊哪些職場爬升策略，可以幫助我們在這條路上走得更快更好。

法則一：加入核心部門

首先，加入公司的核心部門是最直接的快車道，可以讓你**看見核心技術，學習核心知識，解決核心問題**，公司的精華任由你吸收學習。

打個比方：假設你去某間以教英文聞名的補習班應徵老師，你應該在這裡教英文，還是教數學呢？

沒有具體目標又尚在職涯初期的你，應該選擇教英文，去看看究竟是什麼原因讓這家補習班以此聞名，**聽聽那些桃李滿門的名師到底強在哪裡**。

核心部門資源多，人才濟濟，待在這樣的地方讓人有機會看到公司運作的底層邏輯，能和強者一起解決更難的問題。

那麼要怎麼判斷部門是核心部門？如果部門表現好壞會影響公司成敗、部門讓公司在市場上更有競爭力、部門是公司利潤的來源等，像這樣展現優勢，作爲公司引擎的部門，就是核心所在。

還有一個方法可以判斷自己的部門夠不夠力：試想，如果今天部門倒了，對公司有什麼影響。如果損失巨大，代表部門離核心作業很近；如果不痛不癢，代表這個部門不夠核心。

我在職涯過程中做過的一個正確決定就是加入接近核心的部門。當年我有兩條路可以選：一是進入 Google 的財務部，一是進入大型支付公司 Square 的行銷部門做數據分析。

Google 的名聲響亮，能夠給我夢寐以求的標籤；而 Square 在當時則是快速成長，行銷部門欣欣向榮。

我在兩個選項中糾結許久，直到一個業界大學長給我當頭棒喝：「在 Square 做行銷，妳的輸出會直接影響到公司吸引多少新使用者、賺多少利潤。對年輕的你來說，去一間瘋狂成長的公司幫忙創造利潤，比起在大廠分析別人已經創造的成果，還來得更有價值。」

就這樣，我在 Square 那幾年，部門整整擴大了三倍，我也因此有機會參與各種大型專案。

可是你問：我們不是應該要挑比較空曠的戰場，才能展現優勢嗎？去英文補習班教化學，才可以開拓邊界、展現才能啊！

這個策略也對。但能否執行，端看職涯過程走到哪裡。當我們羽翼未豐、還在培養做事能力時，就應該先去核心地帶看一看，提升視野；當能力已經可以獨當一面，再挑個未開發區域，施展拳腳也不遲。

法則二：多做高價值、高效率的事

能否進入核心部門，有時得靠運氣。如果沒有辦法選擇落腳處，還是可以優化自己的做事方向。

這個做事的指南針，就是**多做高價值、高效率的事，避免犯下低價值、低效率的忙碌錯誤**。

什麼是高價值、高效率？如果把「價值—效率」分成四個象限，可以把工作內容分成以下幾種：

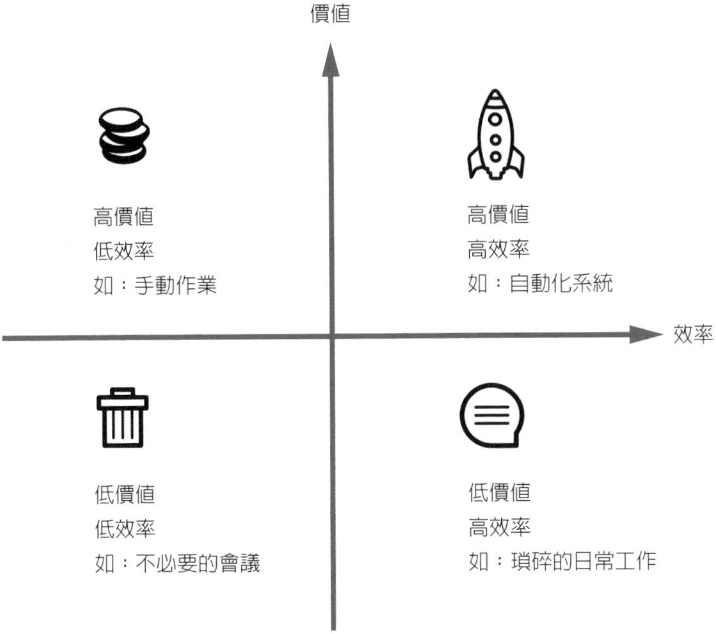

- **高價值、高效率**：用有效率的時間做出高價值的事。例如：建立自動化系統，將繁瑣手動的工作用機器取代；在會議前一天先將報告內容整理寄給與會者，讓對方提前消化，以便開會時直接討論議題。
- **高價值、低效率**：做重要的事情，但用低效率的方式完成。例如：手動檢查資料；開重要會議，但議程規畫鬆散。

- **低價值、高效率**：做起來很快，但每個動作價值不大的事情。通常是簡單的日常工作，例如：瑣碎地回覆 email 和訊息。
- **低價值、低效率**：用耗費時間的方法做沒什麼意義的事，例如：排版之後還要再改報告的格式、漫無目的地開會。

很多時候在職場上卡關，不是自己不夠努力，而是時間用錯了地方。把時間花在低價值或低效率的事情上，只會阻礙個人職涯成長。

你能做的就是投身於高價值、高效率的區域，而對於低價值或低效率的工作，則可以想辦法轉換成高價值、高效率。例如：手動輸入資料是高價值、低效率的工作，這時應該思考：能不能寫個小程式，把過程自動化？又例如：用 email 來來回回討論一件事情，email 寫起來很快，但每封郵件價值不高。能不能直接把相關部門召集起來，用三十分鐘的會議代替？

至於低價值又低效率的事情，則應該檢討：為什麼要做這件事？能不能不做？

人的天性喜歡有所產出，因為產出會帶來成就感。回回 email、改改格式、畫畫圖表等，知道自己在創造些什麼，讓人覺得生活很充實。可是，並不是所有產出的價值都一樣。花在低端產出的時間，是高價值產出的機會成本。身在職場要聰明一點：你的精力如此寶貴，更要花在值得的地方。

法則三：看出核心問題

前面談到做高價值的事情，但什麼才算是高價值？能夠解決核心問題的事才是高價值。

很多時候努力沒有回報，不是因為懷才不遇，而是因為自己的產出沒有解決核心問題。

主管要你做一份網站流量報告，核心問題不是「這個月網站流量上升或下降了多少」，而是「要怎麼吸引更多的人來我們的網站」。老闆請你看各個通路的銷售量，目的不是了解「各個通路的銷售狀況為何」，而是想知道「我要怎麼做才能賣更多產品」。

職涯初期，我曾經用無數個爆肝的夜晚做分析，繞著各種非核心問題畫圖表、寫報告，最後總是效果不彰。某一次，在我用去整整一個月、做完一份六十頁的使用者登入行爲分析之後，主管只問我一句話：「所以，我到底要怎麼減少花在簡訊認證上的成本？」我竟答不出來。

那一刻我深深體驗到：一個核心答案，勝過千言萬語。

努力只是基本條件。眞正出色的員工，可以解決那個「讓老闆睡不著覺的問題」。「能看到問題核心」的能力正是把屠龍寶刀：當其他人都忙得不知所云，你可以看到老闆要的只是減少成本的方法，並快速提出建議；當其他人都焦頭爛額地蒐集資料，你看到了核心問題是「我們該推出什麼功能，打敗競爭者」，而把研究緊扣核心議題。

擁有看到核心問題的能力，在職場彷彿坐上一臺快速電梯，讓人望塵莫及。

法則四：該管理的不是時間，而是注意力

如果你問我，有什麼自我管理技巧是我相見恨晚、後悔沒有早十年學到的，那就是「時間管理其實是注意力管理」。

工作時我曾經錙銖必較地管理時間。幾點該做什麼事、要花多少時間完成，都

規劃得清清楚楚；我買了好幾本日曆手帳，嘗試各種時間管理法，最後總是抓不到訣竅。有時一整天下來忙得像陀螺，一事無成；有時卻又能達到心流狀態，即使在嘈雜的員工餐廳都可以做出精闢的分析。

時間管理到底是什麼妖術？其實，**重點不是管理時間，而是管理注意力**。注意力充足時，一分鐘用起來像十分鐘；而當注意力渙散時，努力一個小時都不如專注五分鐘的成效。

了解到這一點，我們就可以開始觀察自己的「注意力峰期」，根據注意力波動來安排工作事項。

舉例來說：我是個晨型人，早上七點到九點半是我最有創造力、最有效率的時刻。因此我便應該把困難的工作放在這個時間做，提早到公司作業，進入心流狀態，而不是把寶貴的高峰期花在通車、滑手機上。午餐時間過後，是我的注意力低谷，這時我應該替自己安排較輕鬆的工作，開會、寫郵件，幫大家買飲料都可以，而不是硬逼自己坐在電腦前思考。

注意力還有個特點，就是存量有限。我喜歡把注意力想像成金幣：在高峰時期，金幣水漲船高，我們有充足的資本可以花在耗腦的問題上。但此時如果把金幣花在娛樂八卦、嗑瓜追劇，剩下來可以運用的金幣便相對減少，只怕不夠讓我們完成應有的產出。

法則五：不要用自己的短處，去比拚別人的長處

在大考教育體制下出身的我們，都有個通病：把時間精力花在最弱的一科上。為什麼？因為在考試的遊戲規則裡，這是獲勝的最好辦法。為此，數學很爛的我，高三時可以一天寫八小時的數學練習題，把九十%的心血都花在這一科上。因為在分分必較的遊戲裡，如果一科考砸了，我便會與夢想的科系失之交臂。

可是出了社會，遊戲規則變了。職場大多是專業分工、團體合作的遊戲。一個人的短處可以用另一個人的長處來彌補，而一項讓人驚豔的特長，則無可取代。

短處需要管理，但不需要執著於把它的能力補齊。如何管理短處？比方說，如果我的數字分析能力弱，接專案時，就要適度避開需要用到高級統計和數學概念的報告，不要硬著頭皮上；如果我上臺講話容易緊張當機，那麼在與客戶匯報時，我就負責講預先做好的投影片，需要互動的QA問答就請其他團員代勞。我們不是不

努力，而是把時間利用得更聰明。十項全能當然好，但當精力有限，我們也要替自己的成長做資源分配。

那萬一我的職務就是要仰賴我的短處，該怎麼辦？我要毫不留情地說：那代表你沒有在一個對的地方，是時候該移動了。

與其在不適合的位置上，用別人三倍的努力去彌補不足，不如將時間省下來，投資在自己發光發熱的地方。不要掉入平庸的陷阱，要有意識地專注於自我優勢，把自己培養成 super star。

法則六：不要用選擇去代替努力

除了不要用短處去比他人的長處，我們也要有意識地知道：不要用選擇去代替努力。

在《躍遷》一書中，生涯規畫師古典提到：「宣布『我不合適』太容易了，而認識到『我有問題』很難，所以很多人在選工作、選公司、選感情上，都用選擇代替努力。」

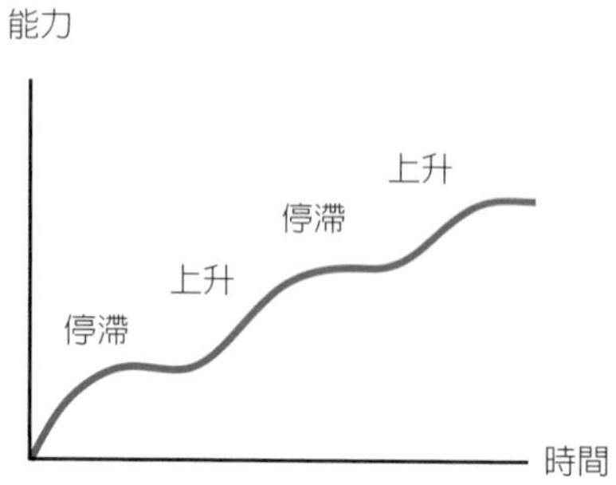

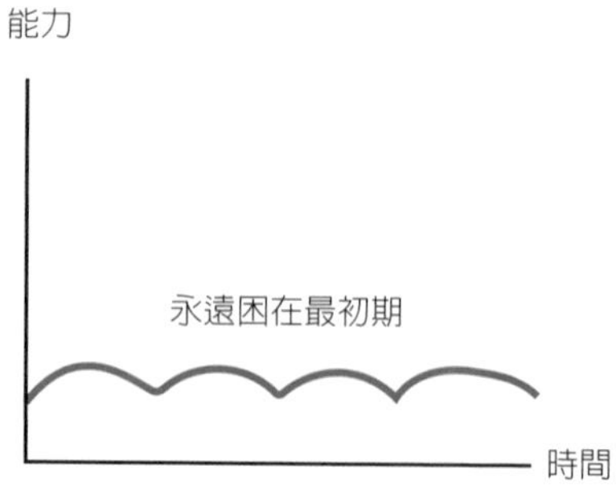

職涯發展的曲線不一定是直線往上，很多時候是「上升—停滯—上升—停滯」的過程。我們要撐過煉獄般的停滯期，才能夠迎接下一個上升的時刻。

一個資深獵人頭朋友跟我說：「許多年輕人職涯上的通病，是一直沒有撐過最初的辛苦期，遇到瓶頸就急著轉換跑道。幾年下來，這些優秀的年輕人不斷地在不同產業間游走，卻沒有一個躍升到下一階段。」

我自己也曾有過這樣的心態：當現在的職務出了問題，我的第一個反應是覺得公司對不起自己，急忙開始面試。殊不知到了下一個公司，類似的挑戰依舊存在，我還是要老老實實地克服難題，把武功練下去。而真正面對難題之後，我發現其實挑戰沒有想像中的可怕；而在我全力以赴之後，能力就有了飛躍般的提升。

逃避不可恥，但是未必有用，如果一直用選擇去代替努力，我們很可能遇不到成長的契機。

法則七：去很強的地方當最後一名

最後一個職涯爬升法則有點違反人性，那就是：去當最後一名。因爲當最後一名是進步最快的方法之一。

當最後一名不是要你傻傻地拿自己的弱項比他人的強項，而是挑難度高的競技場，越級打怪。

從小到大我都熱愛游泳，但是一直都只停留在興趣階段，也沒有參加過比賽。大二時，我抱持著好玩的心態，去修一門注明「游泳中級」的體育課，心想：不過是中級嘛，又不是高級，對我來說應該游刃有餘。沒想到，第一堂課我就後悔了，其他同學不是游泳校隊就是系隊，課堂開始的暖身，是二十分鐘內游完自由式一千公尺，正是我能力的極限。

我嚇傻了，心裡開始糾結：要不要乾脆退選算了？下學期再上一門簡單一點的體育課就好？

可是我那不落人後的性格，不允許自己退縮，於是開啓了每個禮拜二早上七點，準時在冰冷的室外池與校隊一起練習的生活。從前在班上可以游第一的我，在這裡是名副其實的最後一名！我咬著牙，利用課餘時間練習，並在別人快速激起的水花後頭，氣喘吁吁地追趕著。

想不到一個學期過後，我的游泳能力達到了人生高峰。我能以二十分鐘自由式當熱身，仰式、蛙式游出了速度，甚至還會一點蝶式。如果沒有當最後一名，我的游泳技術不會在短期內有這麼快的提升。

在職場上，我也秉持著「最後一名哲學」。如果可以，我會盡量越級打怪。無論是接有難度的案子，還是挑戰更大公司的更高職位，一有機會我就想去更強的競技場一探究竟。

這麼做當然有成本：會摔得鼻青臉腫，要拋下更多自尊，但收穫是在更短的期間之內達到質的提升。

年輕的我們，正是當最後一名的好時機。體力很夠、自尊尚小，正適合去體驗一下從最後一名穩穩往上練的感覺、快要被擊垮前生出莫名力量的奇妙感受，以及破殼而出、像神奇寶貝進化一樣的成就感。

當你在一個環境裡從最後一名變成第一名之後，換個更高級的道場，再從最後一名開始打吧。高手就是這樣練出來的。

學姊真心話——

去吧，去看看世界有多大

志氣比智商高的我終究沒有成爲下一個郭台銘，但我可以很有自信地說，身爲普通人的自己，努力地挑戰自我的極限。

做到這樣，我覺得很幸福。

探索自己的邊界、挑戰潛能的天花板，然後在過程當中練就一身武功，交到高層次的朋友。這樣過人生，只能用「爽」字來形容。

我曾經畏縮不前，緊緊抓著眼前可以得到的東西不放。我不敢嘗試新事物，而且把自尊跟臉皮看得比什麼都還重要。遇到一點挫折就感嘆世界不公，準備縮回舒適圈，過完這一生。

這時改變我的，是大學時代導師對我說的一句話。

大三的我，猶豫要不要去國外當交換學生。我沒有申請上最想去的學校，意志消沉，正考慮放棄。我跟導師說了各種理由：出國花錢很不划算、我在臺灣還有好的實習機會等著我，希望老師能夠支持我的決定。

沒想到老師耐心聽完，思索一番後，給我這樣的答案：「還是去吧，去看看世界有多大。」

抱著這句「去看看世界有多大」，我踏上征途，努力體驗生活，在我能力所及的範圍裡，把世界變得很大很大。

長大以後，面對求職與留學心有疑問的學弟妹，我的回答也是同樣的一句話。

該不該去拿下高難度的專案？該不該去應徵更厲害的職位？想留學但覺得自己能力不足，怎麼辦？

去吧。會這麼想的你，眼裡已經散發著光芒。這個成長的想望，代表你已經準備好挑戰下一個關卡。

你還年輕，去被電一電也好。被電到天花板上，剛好穿透鋼筋水泥，抵達更高樓層的地方。

適時轉換職涯心境，助你走得更長更遠

努力向外拓展事業版圖的你，別忘了觀照內心的變化。職涯路上會遇到各種不同的心理時期：煉獄期、倦怠期、調整期及轉換期，你會知道，心境轉換純屬正常，正在經歷各個階段的你，並不孤單。

理解了前述的職涯楷梯發展進程，又談完了努力爬升的法則，接下來就來談談：現實的長相。

什麼？難道前面提的都不符合現實嗎？

當然符合現實；只不過，眞實的職涯發展比書上寫的還要更歪歪扭扭一些。我們預期只要自己夠努力、夠聰明，就可以按部就班，穩穩地爬上去；但現實生活總是充滿變化球，很多時候讓我們感到痛苦而迷茫。

別擔心，這些也純屬正常。以下來深入探討職涯會遇到的幾個「特別」階段。

煉獄期：
不用已知方法破解，跳脫自我框架思考

度過了新工作的蜜月期，你會逐漸進入一個不舒服的階段：煉獄期。

突然間，工作起來什麼都不對勁。老闆逼你狂加班，但又朝令夕改；同事不負責，卻總甩鍋給你；客戶頤指氣使，不把你當人看；組織官商勾結，愛講裙帶關係……這份工作帶給你的新鮮與希望，快速消耗殆盡，取而代之的是混亂的團隊、偏心的老闆、刁難你的上司、做不完但又沒意義的報告；加班完後與朋友吃熱炒，你氣得大罵：這公司怎麼這麼雷！

才上工三個月的你就憤憤不平地想找下一份工作。

找下一個工作固然可行，但我想說的是：其實，這世界上沒有不雷的工作。

覺得渾身不對勁的你，很有可能是進入了職場煉獄期。

什麼是職場煉獄期？就是老天爺賦予你的職涯關卡。這個關卡很難玩，因爲這

是替你量身訂作、挑戰你理智線的設定。對於總是習慣拖延的同學，老天爺會爲你安排一位成日催你大小進度的老闆；對於習慣照表操課的同學，你會被安排到一個天馬行空、雜亂無章的團隊；對於講求公平正義的孩子，很抱歉，你可能會發現公司怎麼處處都是辦公室政治，任何事情都要靠裙帶關係。

在煉獄期的你，每分每秒都覺得理智快斷線了。這可怎麼辦？

天下沒有完美的職場。**破解煉獄期的唯一方法，就是看出老天爺要你練的這一門武功，然後老老實實練下去。**

爲什麼說是練武功？因爲煉獄期考驗的是「自己的死穴」，正好讓人長出那塊自己沒有練過的肌肉。

抗壓性很低的你，遇上了穿著Prada的惡魔，學會了調整心態，維持產出但不讓工作逼死自己。

不受拘束的你，遇上了神經質的主管，學會了溝通進度，管理對方期望。

習慣執行指令的你，進入組織鬆散的團隊，培養出訂定目標的能力。

煉獄期，正好是你蛻變的絕佳契機。

不過，有一點要注意：**打敗煉獄期的方法，不在於用已知的方式努力。光是靠**

熬夜加班，用蠻力硬挺過去，是沒有用的。重點在於直視自己的軟肋，跳出舊自我的框框，用嶄新的眼光去思考：我能做什麼來打破僵局？

我有個朋友從小就不愛念書，常常笑稱自己是美國四流學校的壞孩子。畢業後找工作不順利，便去老家附近的小媒體公司上班。據他所說，公司內部沒有人才也就罷了，還充斥著各種勾心鬥角，惡性競爭。有別於名校出身、在高樓大廈裡熬夜做專案的同儕，我朋友的煉獄期是在汙濁不堪、學不到東西的環境下度過的。

可這樣的煉獄也帶給他改變的契機。據他所說，那段日子他學會了怎麼看人，怎麼在政治鬥爭之下明哲保身；這個煉獄也給他發憤圖強的動力，他從此自學行銷，下定決心離開惡劣的環境，去大城市好好打拚。

現在的他在科技業是個小有名氣的行銷達人。當我覺得工作很雷、配不上自己時，就會想起他的故事。既然身在煉獄無法改變，不如思考：自己能從中學到什麼？還能做什麼？用正向的心態，好好把掌法練全，才有可能找到轉機。

倦怠期：工作生活沒有新意，就自己創造新意

除了煉獄期，職場上還有一個令人哭笑不得的狀態：倦怠期。

一般人對於工作的理想狀態是這樣的：

為了大案子與團隊熬夜趕工了一個星期，終於到了要跟客戶報告的時候。在高樓大廈的八十三樓，你拿著輕薄幹練的公事包，裡面放著熱騰騰的資料。西裝筆挺的你，在落地窗前看著臺北／香港／紐約（隨自己喜好安插）的城市景色，遠方的基隆河／維多利亞港／哈得遜河面上波光粼粼。你深吸一口氣，面對客戶高層，開始講解準備好的簡報檔。一瞬間，你腦海中閃過好多回憶：兩年前與團隊在白板前第一次將點子畫出來；無數個在辦公室討論到凌晨三點睡著的夜晚；小客戶寄來一封感謝信，誠摯地說這個產品如何改變了他們的生活。種種努力累積到今天，終於來到要簽下一筆公司史上最大合作案的時候。

你自信地講解方案，底下聽者無不動容……

手機突然震動一下，是主管的訊息：

「簡報檔的數字還是有問題。我已標注意見，請你修改，越快越好！」

讀到這裡，你才終於從白日夢驚醒，回到了邊吃便利商店便當、邊改投影片的人生。

瞬間，一股倦怠感油然而生，在心中不斷質疑：爲什麼我做的事總是這麼沒有意義？爲什麼日子總是過得這麼重複？工作，不是應該要能自我實現，透過燃燒與努力，累積能量，然後變成英雄，不是嗎？

於是工作開始提不起勁。心中失去意義，工作表現也變得了無新意。老闆感受到我們的倦怠，更不敢給我們高壓、高挑戰的專案。手上只剩下一成不變的作業，自己因此變得更加倦怠……於是就在這樣的負面循環裡，遑遑不可終日。

倦怠期看似無害，可是長期下來會對心理健康產生負面影響。久而久之，我們不僅覺得工作煩悶，也對人生感到厭煩。倦怠感更會從職場蔓延到生活，讓人陷入永無止境的疲勞。

當我們發現自己有倦怠的跡象，最好及早跳出來。

怎麼跳？**如果環境無法帶給你新意，那就學會自己創造新意。打破自我倦怠，也是一個很有用的生命技能。**

當做的報告內容總是一成不變，不如自己加點創意，用不一樣的方式分析。再不行，那把簡報檔換個漂亮一點的顏色也可以。

當主管總是百般刁難，不如轉念，把向上溝通當成一種關卡：面對這麼難取悅的老闆，我能不能成為與他合作成功的第一人？

客戶問題很多，不想理睬，我能不能練習角色扮演，從對方的眼光看事情？工作本來就不像電視劇。普通人的劇本大多平凡無奇，但你能做到在可掌控的範圍內，用想像力創造多一點刺激。

意識到自己快要進入職涯倦怠期時，就該著手準備，幫工作注入活水。

舉例來說：去學一個新的程式語言，然後用在自己原本的工作上，產出的作品相同，但是技術不同，可以讓工作重新充滿挑戰。

把公司當成人才的寶庫，跟不同部門的主管喝咖啡，了解他們的工作內容，結交朋友，順便擴展視野，也是個好用的方法。

如果這些改變都難以做到，那從小處開始也行：我曾經透過把報告以美麗的排版方式呈現，來轉移倦怠期的崩潰念頭。我精心設計圖表的顏色、簡報呈現的格式，然後在報告時，把自己當成演說家，把無聊的內容講得有聲有色。這樣的動作，在外人看來或許多餘，卻是我替生活增添色彩的好方法。

倦怠期一定會發生，沒有人能夠伸手把我們拉出泥淖。能夠拯救自己的，只有自己。與其在原地等待，不如想盡辦法打破倦怠。

另一種打破倦怠期的方法，是讓自己變成自我知識的產出者。

有沒有可能將專業內容寫出來，開一個部落格？能不能舉辦分享會，把所學教授他人？當我們從接收命令的人變成知識的產出者，人生會有很大的轉變，也開始有了動力，因爲自己變成了自己的引擎。

不想當知識產出者，那麼透過寫作、繪畫、影音來傳達自己的想法，也是一種方式。

而如果想當內容產出者，心態一定要健康：產出內容的目的是讓自己更深入生活，而不是與他人比較。如果陷入每天計算按讚數的焦慮，可能造成不必要的壓力。

當我們開始替生活注入活水，就可以打破倦怠期的負面迴圈。打破之後你會發現：生活還是一樣，但是世界變得很不一樣。枯燥的工作被你看出了可能，無趣的環境也變得有趣。而能夠自帶活力的你，更培養出一股吸引人的能量場。

爲什麼職場上有的人日日形容枯槁，有些人卻總是充滿領導魅力？很有可能他們把自己變成活水，那源源不絕的能量會讓人不自覺地想要接近。

職場倦怠期，不是世界把你拋棄，而是老天爺在賦予我們改寫人生劇本的能力。

調整期：是時候該休息了

如果上述都不足以解釋你目前的困境，那就要反向思考：或許是時候該煞車，調整一下了。

如果你用盡所有努力也無法走出煉獄和倦怠，再怎麼轉換心境都無法打破僵局，每天都覺得血量跟精神已經低於續命的極限，喪失了快樂的能力，心境已從「老闆眞蠢，只會叫我做無聊的簡報」變成「活著沒有意義」，那就代表你的身心已經發出警訊，告訴你該休息了。

任何一個工作都比不上美好的你。靈魂若像這樣被重度消耗，失去了回血能力，身心出現警訊時，就該按下暫停鍵。

適度休息，調整步伐，人生這條路才能走得更長更遠。

調整期該怎麼調整？多久才算調整完畢？

這個問題沒有答案。我唯一的建議，是給自己足夠的時間，好好修復自己。

每個人修復的方法不同，用你自己喜歡的方式調養吧！不一定要花大錢環遊世界，可以用閱讀來場小旅行。不一定要大吃大喝，可以在風和日麗的下午，坐在公園吃一支冰淇淋。

前一陣子經歷調整期的我，正好遇上了新冠肺炎疫情。那時無法旅遊又身心狀態欠佳，只能在公寓外面散步。散步時，腦中經常一片混亂，於是我戴上耳機，聽一聽輕音樂。以前吃飯都要逼自己看產業文章、通勤一定要聽科技業 Podcast 節目的我，現在願意花一個小時的時間，漫無目的聽著背景音樂，腳踩落葉，感受自己的呼吸。

神奇的是，內心總是可以安靜下來。

而安靜下來之後，打結的大腦也舒展開來了，思維像是掙脫束縛的枝葉，自由生長。

我把這種感覺叫做「維修我的大腦」。聽起來很莫名其妙，但經歷過調整期的人都知道，這是一種難得的美好感受。

如果你正在經歷調整期，不要擔心，給自己足夠的時間修復自己吧。調整期對我來說，是我做過最好的決定。

沒有什麼能勝過美好的自己。調整過後，能量飽滿，接下來的路才會走得更有力氣。

因爲，沒有什麼能勝過美好的自己。

轉變期：人生不必走直線

有時候與調整期相偕而來的，是自我的轉變。

當你覺得舊的自我正在消解，新的自我不斷長大；當你覺得既有體系已經裝不下你，心中有一股新的認知正在發芽；當你覺得現在的軌道越來越不合理，新的道路正在浮現，那麼很有可能，你遇到了轉變的契機。

我一開始不相信轉變期的存在，只覺得人生是一條直線，走越快就比別人越早到達終點。可是經歷了難以名狀的機遇後，我才發現，原來人生眞的會轉彎。

使盡吃奶的力氣闖入矽谷科技業的我，曾以爲這就是我人生的終極圖像。在公司穩穩往上爬，升遷存錢，練等打怪。我創造價值，得到回報，就這樣正循環直到永遠。

可是我沒有料到自己的大腦竟會起一連串的變化。

我開始質疑工作內容的價值，開始不適應某些矽谷大廠裡的文化，不斷灌輸自己：沒關係，調整心態就行；能夠在這裡，我已經很幸運。可是內心的質疑卻越來越響亮，我感受到另一個自我不停萌芽。我給自己的人設漸漸不適用了。每天，我的大腦必須很努力調回舊有設定：妳是矽谷大廠裡的分析師，妳的人生標就是幫助公司獲利增長！可是當夜深人靜，我的心就覺得悵然若失。

這就是我的人生嗎？我怎麼隱隱約約覺得，自己可以是另一種模樣？

當轉變開始發生，我便跟經典電視劇的情節一樣，「可是瑞凡，我回不去了。」

經過好幾個月的掙扎，我向公司提了辭呈。

沒有備案，沒有找下個工作的時程，我開始專心寫作，寫下你眼前的這本書。

轉變期一點也不完美，它伴隨一定程度的迷茫和自我懷疑；但也沒有想像中可怕，因爲轉變的過程中，我們離自己越來越近。

我原以爲，失去了標籤的自己會像一艘被浪打翻的小船，支離破碎；可是沒想到，外在的標籤才是風浪，當我駛出這片暴風雨，我的內心一片平靜。

我還在經歷轉變，不知道下一站會到哪裡，但我對自己有信心。

記得嗎？我們是沒有夢想的人啊！而沒有夢想的人最大的優點，就是可以任意轉換探險的方向。

也正在經歷轉變的你，不用害怕。

陽光很美，腿力很夠，還有廣袤的世界任你探索。

一起走吧。

學姊真心話——

迷惘本身就是意義

走在職涯探險道路上的你，相信已經嚐到複雜的人生滋味：原來職涯不是一路按部就班、升級打怪就可以的遊戲。路途茫茫且無法預知，沿路會出現讓人措手不及的怪獸，更困難的是，還要面對心裡的焦慮，以及揮之不去的迷惘。

我在職涯道路上打滾這些年，經常遇到「迷惘」這個難纏的小鬼，三不五時不請自來，而且一坐就是好幾個月。

我越努力請它出去，它就越賴在沙發上不走；我越壓抑它的存在，它就越吸引我的注意力。迷惘的感覺很難熬，卻又描繪不出哪裡痛苦；像是一層迷霧，讓你原本看得到的自己忽然看不清；它是一種眞空，原本的意義被抽離，新的意義又還沒被找到的空白；它是一種失重，讓自己像是偏離軌道的太空船，在無邊無際的宇宙中飄遊。

我曾經認爲迷惘就如同其他職涯怪獸一樣，一定要主動破解才行。而在經歷最近一次、長達超過一年的迷惘期之後，我發現：或許迷惘的意義，不在於打敗它，而在於體驗它，與之共存。

心理學家陳海賢在著作《了不起的我》中，如此形容迷惘期：

迷茫期，看起來什麼都沒有發生，卻是十分重要的一段時期。舊的意義在被慢慢清理掉，新的意義正慢慢長出來。就像蕭索的冬天在積蓄春天的力量，迷茫期也在積蓄重生的力量。……迷茫期裡有過去自我的結束，也有未來自我誕生的種子。

讀到這段話的我，有如醍醐灌頂。原來，面對迷惘，不用急著找意義。迷惘的本身就是意義。

經歷迷惘就如同經歷冬天。我們學著耐心度過寒冷，在寂靜的大雪中傾聽自己的聲音。我們練習面對失重的感覺，不用緊張地找繩索，而是在空無的狀態下，體驗存在本身。

當冬天過完，春天自然會來臨。

那時候的你，會如初冒的新芽，迸發出強烈的生命力。

不必盲從別人的「成功學」，只要設計好自己的能量系統

沒有夢想的路上，難免疲憊又力不從心，這時盲目追隨各種「成功學」，不如做好自我管理，方法很簡單，就是設計一套屬於你的「能量系統」。

這本書的最後，讓我們來聊聊「自我管理」這個大哉問。人生很難，要如何在充滿挑戰的職涯過程中，走得更舒服自在？

人的身心是一部複雜的機器。設計精妙，獨一無二，卻也充滿限制。面對挑戰，無止境的「努力」、或是追求他人的「成功學」，並不是有效的操作法則。比之更有用的，是建立一套屬於自己的「能量管理系統」，才能讓身心運作起來既健康又高效。

這個體悟來自於我的親身經驗。

在高壓的環境工作多年，我曾經對工作的唯一解法就是努力。挑戰太大，那我就付出更多時間來攻克。分析想不出來？熬夜到想出來不就得了。簡報檔不夠美？週末埋首在電腦前吃兩天泡麵，苦思總會有靈感。覺得身心疲乏？那就看更多自我管理的文章、學習成功人士的方法，把一天活成兩天不就好了！

我做過最扯的實驗，是讓自己早上四點半起床，跑一英里（約一．六公里）後去晨泳；晨泳一千公尺後，再沿原路跑回家，洗漱之後，再搭地鐵上班，還規定在地鐵上一定要聽跟科技業相關的Podcast節目。

然而，實行了一陣子，我沒有變成林志玲或是伊隆．馬斯克，只是筋疲力竭。

我才意識到：**每個人都是獨特的個體，想讓自己運作良好，必須搞清楚自己的身心使用指南**。

使用指南的基本要點，在於了解自我的「能量系統」。

就像車子需要汽油，馬兒需要吃草，努力過好每一天的我們也需要能量。自我這臺精密儀器時時刻刻都在進行能量輸入和輸出。如何讓能量循環運轉良好，是自我管理的關鍵。

能量輸入——能讓你充飽電的人事物

首先，要認識自己的能量來源。能量來源指的是那些能讓你覺得「充飽電」的人事物。可能是看一場電影，可能是和朋友吃熱炒，抑或是獨自在公園裡享受一支冰淇淋，每個人的能量來源都不一樣，也可能隨時間改變。

逛書店一直是我不變的能量來源，只要去書店裡聞聞書的味道、摸摸書的質感，就算沒有買書或看書，我都可以覺得無比幸福。這可能跟小時候的經驗有關：從很小的時候我爸爸就會帶我去逛復興北路的三民書局，偌大的建築物在幼小的我眼裡，彷彿是座城堡。愛閱讀的爸爸把我放在地下室的兒童書區，安頓好後就去其他樓層買書去了。還不識字的我，獨自被書本圍繞，卻一點都不慌亂，反而無比心安。我在兒童書區一本又一本地看，看不懂文字的我卻彷彿可以跟書對話似的，興奮又幸福。

長大後，我在美國工作，能逛書店的時間變得少之又少，大多數時間都在亞馬遜買電子書。電子書固然方便，卻少了屬於書店的浪漫。某一次逛街逛累了，看到一家書店，我不由自主走進去：熟悉的安全感再次襲來，我好像一艘駛累的小船終於靠了岸。我發誓，再也不要離我的能量來源太遠。

能量輸出——留心那些消耗自己的人事物

再來，我們也要認識自己的能量出口，尤其要留心那些不由自主消耗你的人事物。執行工作、思考困難的問題、發揮創意、讀書解題等，是我們熟悉的能量出口。做有價值的、讓自己有成就感的事，是很好的能量輸出運用。

那什麼是不好的能量消耗呢？讓自己疲累卻又毫無正面回饋的即屬於這一類。比方說，進行毫無知識含量的網路謾罵、抱怨雞毛蒜皮的小事、腦海中反覆播放別人如何對不起自己、報復性熬夜滑手機等。很多時候，我們分不清楚什麼是適度發洩、什麼是自我糾結、什麼是娛樂抒壓，什麼是訊息超載。我就曾經熱中於報復性看劇，心情越不好，劇就看越多集。我以爲這樣的娛樂等於充電，但事實正好相反：看劇對我來說並不能休息，看完以後往往更身心俱疲。偶一爲之很刺激，但久而久之，我發現自己的能量莫名其妙被消耗殆盡。從此之後，我把看劇也歸類成能量消耗品，並且根據自己的能量狀態適度安排娛樂。

當然，**能量使用因人而異，一個人的消耗品可能是另一個人的能量來源。**看劇對於我是消耗，但有可能對於你是補給。要有耐心地實驗，在做任何事時有意識地問問自己的心。不需要很長的時間，我們便能對自己有更深的理解。也不應受他人影響，因爲每個人的活法都不一樣。

設計自己的能量系統

了解能量的輸入與輸出，接下來便可以設計自己的能量系統。

能量系統有兩種，一種是**線性的：輸入→輸出**。維持系統運作的方式很簡單，就是讓**輸入大於或等於輸出**。覺得自己快沒電了，主動找充電電源：覺得自己消耗速度大於能量補給，趕快調整策略，減少消耗速度或增加補給來源。對於自己此時此刻的能量運用狀況，我們要時時關注；對於未來的能量使用，我們可以預測並提前準備。

另一種能量系統，是最高級的理想狀態：**正能量循環**。循環是什麼意思？循環指的是「最後一步可以驅動第一步」。當最後一個步驟的輸出能促進第一個步驟的輸入，這個系統便如同風火輪，能自給自足地運轉下去。

以產品增長來做比喻，正循環是公司追求的目標：新使用者註冊→使用產品→

獲得價值→推薦給其他人使用→更多新使用者註冊；這樣的正循環讓使用者自然增長，風火輪可以自己延續下去。

人也是一樣。當輸出可以帶給你更多輸入的能量，哇，那不用刻意充電，自己本身就會有源源不絕的力量。一個最簡單的例子：首先，假設我們有動力想去嘗試一項新任務；再來，我們身體力行，執行任務；然後，我們產出結果，獲得滿滿的成就感；最後，成就感又成了動力的一部分，刺激自己執行下一個任務。一個執行任務的正循環，就靠著「成就感」被推動了起來。

除了成就感，我們還可以塑造出其他種正循環。舉例來說：在網路上寫文章是我的正能量循環。一開始，我有點子想要分享；再來，我把思考化爲文字，發表到網路上；然後，我會收到讀者的鼓勵和反饋，激發出更多點子和想法；這些點子和想法，促成了下一篇文章。正循環便如此啓動。

工作上也可以找到正循環的例子：比方說，我們學習一項新技術，學會新技術之後，將其應用在工作中；然後，新技術讓自己做事效率提升，因而獲得了更多時間；獲得了更多時間以後，又可以拿這些時間來學習另一項技術，做事效率又更加提升……

生活中，我們可以替自己設計各種大大小小的正循環。利用循環，可以四兩撥千斤，用更少的力量達到更大的效果。

我想要再次強調「成就感」循環的重要。很多時候總是覺得日子無止境地消耗，是因爲沒有建立起自己的「成就感」循環。這不是我們的問題：工作壓力大，動不動就被老闆罵，普通人的日子裡很難獲得成就感；再加上社群媒體的效應，在夜深人靜時看著各種成功人士發文，各種網紅ＩＧ，連最後一點點僅存的自信也蕩然無存。稍加不注意，不用說成就感了，還可能深陷在自我厭惡的負循環中，難以抽身。

這時，就要聰明地對能量消耗品進行斷捨離。除此之外，還要建立起一個成就感引擎。

怎麼建立成就感引擎？一個有用的方法，是讓大腦轉個彎，換個新的自我評價方式。

> 原本總是想著「我離目標還有多遠」的自己，要想「我今天又多走了這麼多步」。
>
> **當我們從減法思維換成加法思維，成就感激素就會慢慢釋放出來。**

在我覺得最辛苦迷惘的時期，就是靠這個方法讓自己走下去。既然社會無法給我肯定，那我就自己給自己吧！每天晚上，我在筆記本裡寫下自己做的事情，舉凡

「打了一通電話給校友，嘗試Networking」到「今天很乖地吃了蔬菜」，都是我的加法算式中的一部分。「老闆說簡報檔還可以再改進，我沒有崩潰，比上次對自己更有耐心」「早上起床很累，但摺好被子，讓心情變好了」「今天畫出一個以前沒有畫出的圖表」……我把每件做過的事情疊加在一起，畫成一個很高的長條圖，看著圖表一直長高，我的心也變得更安定。

這個習慣，把我從負循環導向了正循環。

當全世界都試圖誘導我們自暴自棄，就偏不上當！自己點燃自己的火炬，才不要掉到黑洞裡。

學姊真心話——
認識自己

你可能早已熟悉自己的能量系統，只是還是忍不住自我懷疑。這怪不得我們：社會上有太多「成功學」，每一個都說得這麼斬釘截鐵。有人說失敗爲成功之母，有人說成功才是成功之母；有人說減肥要靠生酮，有人說地中海飲食才是正解。到底什麼才是對的？

答案是：只有符合你原廠設定的方法，才會有效。

不要忘了，「自我管理」的前兩個字是「自我」。自我是誰？是那個獨一無二的你。在這資訊爆炸的世界，包括這本書在內，總有無止境的聲音在告訴我們要怎麼活。

可是每個人的原廠設定跟生命經歷都截然不同。你所經歷的每分每秒都無法被複製，你所感受的情感流動也無法套用於他人。可以多方聽取意見，但不用執著於百分百執行他人的成功學；可以被別人的故事感動鼓舞，但不用活出別人的樣子。

勇敢做自己生命的主人。

再厲害的建議，比不過你內心真正的聲音。如同戴奧菲神廟上刻的：「認識你自己。」最好的活法，就是你自己創造出來的，屬於你的美妙系統。

後記

寫給沒有夢想的自己一封情書

這本書，是我過去十年的回顧，一封給自己的情書。

從一開始為了找工作奮勇殺敵，到在職場上衝鋒陷陣，使勁爬坡，我曾經鬧出笑話，曾經喪失自信，但所有的經歷都讓我成為今天能夠寫出這些文字的自己。

我記得，多年前為了找實習，好萊塢電影看太多的我，居然混入一間高樓大廈的電梯，坐到頂樓的一間基金辦公室，直直地走向櫃檯，把履歷放在櫃檯上，跟接待祕書說：「請把我的履歷交給你們副總！」

我很訝異自己竟然沒有被轟出去。

後來進入職場，我也曾自我懷疑，面對專案充滿了恐懼。在一次與大老闆的會議中，面對困難的專案，討論幾乎進行不下去，只聽著我顫抖地說：「我不行，我做不到，我不夠好……」職涯這一路走來，不是想像中的光鮮亮麗，反而滿身泥濘。

可是這些，都讓我更認識自己。不斷與自我碰撞、不斷拆掉天花板、不斷破殼重構。無意間，我練就了腿力，也塑造出自己的思想。十年下來，我覺得我繞了一大圈，最後終於到了終點。這個終點，就是我自己。

我很喜歡山本耀司說的一句話：「『自己』這個東西是看不見的，撞上一些別的什麼，反彈回來，才會了解『自己』。所以，跟很強的東西、可怕的東西、水準很高的東西相碰撞，然後才知道『自己』是什麼，這才是自我。」

原來，這一路的衝撞噴發，都有意義。

我曾經幻想，寫完這本書的自己，是什麼樣子。在幻想中，我已經登上頂峰，找到眞理，能夠告訴世人：「怎麼做就可以成功。」然而走著走著才發現，沒有所謂成功，這個結局，依舊是小小的我，背著小小的行囊，拄著登山杖，在黃沙土地上，緩慢前行。

而面對這樣眞實的自己，我感到很幸福。

我不知道下一步會去哪裡，可是沒有夢想的人啊，本來就不需要目的地。因爲沒有夢想，所以我走得更加隨意。因爲沒有束縛，所以我可以自在發光。

往後的道路上，我們可能會遇見彼此。到時候，記得向我使個眼神。讓我知道，你也是同爲沒有夢想的人。而我們，不需要夢想，此時此刻就在發亮。

感謝

能夠完成這本書，靠的是我身邊所有人的支持和鼓勵。沒有你們，這本小書不會誕生。謝謝你！

我要感謝我的家人：爸爸、媽媽和珊珊，感謝你們給我無條件的愛與支持，替冒險精神氾濫的我做永遠的後盾。你們的愛，是我向前邁進的動力，讓我成爲更好的自己。感謝我的先生景昊，你是我的避風港，給我溫暖和鼓勵，很幸運我的人生路上有你。感謝在天堂的爺爺，當年獨自面試成功闖蕩美國的你是我的偶像，保持著「我想成爲像您一樣的人」的信念，我也走出了一趟精采的旅程。

感謝我的恩師湯明哲老師，您的鼓勵和教誨使我有勇氣踏上旅途。感謝您告訴我們世界有多大、路途可以多寬廣，我抱持著您一句「Just go and see the world」（看看世界有多大）而勇闖美國，人生從此不一樣。

感謝我敬愛的徐嘉利老師，您對於莘莘學子的職涯發展不遺餘力，將管院生涯發展中心打造得有聲有色。每次回臺與您的交流，都帶給我滿滿的啓發和熱血。與您的討論是我寫下這本書的種子，我也想像老師一樣，回饋社會，幫助他人。

我要感謝我的出版團隊：感謝專案企劃的佩文，您將我少少的部落格文章化為完整的書籍點子，並在我寫作的過程中給予討論與支持，沒有妳的推動，這本書不會誕生。感謝編輯孟君，施展文字的魔法將我的內容增添骨幹和力度，精髓躍然紙上。還有方智編輯團隊的所有人，感謝你們不遺餘力，讓我完成了出書的願望。

我要感謝我的摯友們：臺大國企系、臺大模擬聯合國社的老友們，感謝你們一路上不僅作為我的精神支柱，更是我的榜樣和啓發。感謝克萊蒙特麥肯納學院與我一起並肩求職的夥伴們，我們的共同記憶成為我書中（和人生中）不可或缺的重要章節。感謝我在 Analysis Group、Square 和 Facebook 的同事好友，與優秀的你們共事，讓我成長為今日的模樣。

感謝所有與我接觸過的、切磋過的學長姊、學弟妹：與你們的討論和學習成為了我本書的靈感。如果你在書中似乎看到自己的身影，那正是因為與你的交流在我心中發揮著重大的影響。

感謝我的諮商師 Julia Tisdale，在我迷惘時給我一盞明燈，那小小的光亮給予我溫暖和動力，讓我勇於改變現狀，相信自己，寫下一本書。

最後，感謝正在閱讀我文字的、同為沒有夢想的你：謝謝你參與了我的旅程，
願我們繼續在職涯道路上當彼此的夥伴，互相扶持，互相肯定，一起向前行。

國家圖書館出版品預行編目資料

給沒有夢想的人！邊走邊想職涯探險指南／Fiona（糖霜與西裝）作.
-- 初版. -- 臺北市：方智出版社股份有限公司，2021.09
240面；14.8×20.8公分 --（生涯智庫；196）

ISBN 978-986-175-627-1（平裝）

1. 職場成功法

494.35　　110011954

Eurasian Publishing Group
圓神出版事業機構
方智出版社 Fine Press

www.booklife.com.tw
reader@mail.eurasian.com.tw

生涯智庫 196

給沒有夢想的人！邊走邊想職涯探險指南

作　　者／Fiona（糖霜與西裝）
發 行 人／簡志忠
出 版 者／方智出版社股份有限公司
地　　址／臺北市南京東路四段50號6樓之1
電　　話／（02）2579-6600・2579-8800・2570-3939
傳　　真／（02）2579-0338・2577-3220・2570-3636
總 編 輯／陳秋月
副總編輯／賴良珠
專案企畫／尉遲佩文
主　　編／黃淑雲
責任編輯／陳孟君
校　　對／溫芳蘭・陳孟君
美術編輯／林韋伶
行銷企畫／陳禹伶・王莉莉
印務統籌／劉鳳剛・高榮祥
監　　印／高榮祥
排　　版／杜易蓉
經 銷 商／叩應股份有限公司
郵撥帳號／18707239
法律顧問／圓神出版事業機構法律顧問　蕭雄淋律師
印　　刷／祥峰印刷廠
2021年9月　初版
2021年9月　2刷

定價330元　ISBN 978-986-175-627-1